집을,
순례하다

JYUUTAKU JYUNREI
by Yoshifumi Nakamura

Copyright © 2000 by Yoshifumi Nakamura
All rights reserved.

Originally published in Japan by SHINCHOSHA Publishing Co., Ltd.
Korean Translation Copyright © 2011 by Sa-I Publishing

Korean edition is published by arrangement with
SHINCHOSHA Publishing Co., Ltd. through BC Agency, Seoul, Korea.

이 책의 한국어판 저작권은 BC에이전시를 통한 저작권자와의 독점 계약으로
사이에 있습니다. 저작권법에 의해 한국 내에서 보호를 받는 저작물이므로
무단전재와 복제를 금합니다.

집을,
순례하다

어머니의 집에서 4평 원룸까지,
20세기 건축의 거장들이
집에 대한 철학을 담아 지은
9개의 집 이야기

나카무라 요시후미 지음 | 황용운 · 김종하 옮김

사이

목차

글을 열며: 집을 찾아 떠나는 여행 · 7

르 코르뷔지에／어머니의 집／스위스 · · · · · · · · · · · · · · · · · · · 13

무도회의 수첩 · 노부모를 위하여 · 이야기가 흐르는 집 · 가득한 건축적 배려 ·
지붕 없는 거실 · 고양이를 위한 테라스 · 수수께끼 같은 증축 · 『작은 집』

루이스 칸／에시에릭 하우스／미국 · 39

화상을 입은 두 아이 · 아름다운 신전 · 집을 닮지 않은 · 동요되지 않는 평면 ·
WIND+EYE · 〈T〉자 찾기

마리오 보타／리고르네토의 집／스위스 · · · · · · · · · · · · · · · · · · 67

둥근 안경 · 우여곡절 · 촌락과의 융화 · 접근로의 걸작 · 아름다운 실용품 ·
과감하게 폐쇄하고, 섬세하게 개방한 · 대지에 뿌리를 내린 집

에릭 군나르 아스플룬드／여름의 집／스웨덴 · · · · · · · · · · · · · · · 97

숲에서 길을 잃은 아이 · "건물에 다가갈 때는, 걸어서 가세요." · 남북이라는 방향성 · 가로의 기원 ·
비틀어짐의 마무리 · 무민Moomin을……, 닮다 · 요정과 거인이 사는 숲

KOETALO
MUURATSALO
FINLAND

프랭크 로이드 라이트 / 낙수장 / 미국 · 127
비행기 옆 좌석 · 파란만장 · 폭포가 있는 대지 · 수평선과 수직선 · HEARTH · 의뢰인 등장

필립 존슨 / 타운 하우스 / 미국 · 157
괴물 · 소년의 몽상 · 마차의 차고였던 곳 · 장식과 연가 · 연못을 건너 ·
그 안에 몸을 두는 것 · FLY ME TO THE MOON

알바 알토 / 코에타로 / 핀란드 · 185
백야 · 집을, 실험하다 · 청둥오리 가족의 나들이 · 유쾌한 안뜰 · 세로 상자 안 · 잠에서 깨어나서

게리트 토머스 리트벨트 / 슈뢰더 하우스 / 네덜란드 · · · · · · · · · 217
짙은 안개, 굴뚝 · 가구장이 리트벨트 · 일란성 쌍둥이의 한쪽 같은 ·
리본을 두른 작은 선물 상자 · 커다란 가구 같은 집 · 61년간 거주한 전위주택

르 코르뷔지에 / 작은 별장 / 프랑스 · 245
주택순례 · 지중해 품에 안기어 · 불가사리와의 우정 · 4평짜리 집 · 돌 줍기

글을 닫으며: 집을, 짓는다는 것 · 270
독자들을 위한 주택순례 안내도 · 274

글을 열며

집을 찾아 떠나는 여행

저는 최근 몇 년 동안 세계 각지에 현존하고 있는 20세기 주택의 명작을 찾아다니는 여행을 해왔습니다.

학창시절에 르 코르뷔지에를 비롯한 위대한 건축가들을 공부하면서 건축가가 되기 위해, 혹은 건축가이기 위해서는 여행이 필수적인 과외 수업이 되어야 한다는 사실을 깨닫고는 어릴 적부터 즐겨 여행을 해왔는데, 특히 주택을 찾아다니는 것은 여행을 계속하는 원동력이 되었습니다.

작은 설계사무소를 운영하는 저는 직접 여행을 준비하는 등 시간과 비용을 무리하게 짜내면서까지 많을 때에는 한 해에 일곱 번, 일수로 치자면 일 년 중 3개월 정도를 해외에서 보낸 적도 있습니다.

이 정도로 자주 해외여행을 다녔다면 이제는 비행기 여행도 익숙해 질 만도 하겠지만 정작 아직도 저는 비행기 여행이 익숙하게 다가오질 않습니다.

출국수속을 끝마치고, 얼마간의 대기시간을 보내고, 여행객 행렬의 일원이 되어서 비행기에 올라타고, 지정 좌석에 앉아 안전벨트를 매고 나면 그제야 가슴에 안도감을 느낍니다. 동시에 나이에 어울리지 않게 여행길에 오르는 설렘이나 두근거림과 같은 흥분이 몸 속 어디에선가 부터 흘러나와 전신으로 번지고 있는 듯한 느낌은 통근전차에 올라탔을 때와 같은 평상시의 기분에서는 느낄 수 없는 것이었습니다.

그리고 이런 특별한 흥분은 항상 수십 년 전 여행길에 올랐던 어느 아침의 아득한 기억으로 곧장 연결되어 갑니다. 구간이 짧은 거리를 달리는 소형 기관차를 〈경량철도〉라고 말하는데 아마 이 단어를 아는 사람은 많지 않을 것입니다.

제가 태어나고 자란 보소 반도의 바닷가 시골마을은 JR역에서 10킬로미터 정도 떨어져 있는 곳이기 때문에 그 역이 있는 마을까지 갈 수 있는 교통수단은 불과 2량 또는 3량으로 편성된 경량철도뿐이었습니다.

그렇지만 당시 어린 우리들은 이 철도를 경량철도라고 부르지 않고 〈궤도〉 또는 〈성냥갑〉이라고 불렀습니다. 궤도는 〈궤도차〉의 약칭이고, 성냥갑은 객차가 유원지의 전차보다 조금 큰 정도의 예쁘장한 상자 모양이라는 점과 전문용어로 〈모래 붙인 루핑(Sanded roofing, 모래가 사용된 지붕 재료)〉이라는, 일종의 모래종이와 같은 재질의 암갈색 지붕이 달려 있다는 점에서 유래된 애칭이었습니다.

어쨌든 시골 아이들은 좀처럼 여행할 기회가 없었기 때문에 궤도에 타는 것만으로도 낯선 곳으로의 먼 여행을 의미하는 것과 같았지요. 초등학교 1학년 가을에 어떤 사정으로 그랬는지는 모르겠지만 저는 어머니와 둘이서 어머니 본가가 있는 오사카에 가게 되었고, 실은 그것이 제 인생 최초의 여행다운 여행이자 일주일 동안의 긴 여행이 되었습니다.

그런 까닭에 출발하는 날 아침에 타고 간 객차의 내부 인상은 어린 제 마음에도 강렬하게 남았습니다.

차량의 위아래 창으로 비쳐오는 은은한 가을 햇볕의 모습과 차 내에 희미하고 자욱하게 밴 니스 냄새, 어촌에서는 드물게 도회지 식의 여행 준비를 한 두 모자(어머니는 전날 미장원에 가서 나름대로 멋을 부리셨으며, 저는 어린이날 입는 정장처럼 넥타이 같은 것을 착용하고 있었죠.)를 보는 합승한 손님들의 호기심 어린 눈초리까지, 모두 옛날 무성영화의 한 장면과 같이 늘 떠오릅니다. 그리고 그 이상으로 딱딱한 나무 좌석에 앉는 순간, 제 마음속에 소용돌이쳤던 기대와 불안과 호기심이 얽혀 생겨나는 야릇한 흥분과, 선생님과 아버지의 허락 속에서 당당히 학교를 쉬어도 좋다는 특별대우를 자랑할 만큼 명랑해졌던 기분이 기억의 저편에서부터 선명하게 되살아나곤 합니다.

실은 이러한 기분이 비행기로 나리타 공항을 출발하는 순간, 이성만

이 아니라 감정이나 감각에도 선명하게 떠오르는 저의 기념비적인 첫 여행에 대한 기억입니다.

"흰 머리카락이 날리는 나이가 되었어도 두근두근, 울렁울렁하는 것이 꼭 어린 아이와 같습니다."라고 할 것 같은데, 말이 나온 김에 덧붙여 말하자면, 보고 싶었던 집을 방문하면서 걸어 다니는 여행은 이러한 기분과 더불어 다시 〈허둥대는 느낌〉이 더해집니다. 예를 들어 표현하자면, 사모했던 연인을 만나러 가는 그런 기분이라고나 할까요.

*

이 책은 르 코르뷔지에, 알바 알토, 프랭크 로이드 라이트, 루이스 칸, 필립 존슨, 게리트 토머스 리트벨트, 마리오 보타, 에릭 군나르 아스플룬드 등 20세기 건축의 거장 8명이 직접 지은 역사적인 명작이라고 할 수 있는 집을 제가 직접 방문하여 그 집 안에 들어가서, 그 집 주변을 걸으면서 그곳에서 본 것, 생각한 것, 느낀 것을 써 내려간 노트입니다.

르 코르뷔지에가 연로하신 어머니를 위해 지은 스위스 레만 호숫가에 자리 잡은 18평의 「어머니의 집」부터 시작해서 그가 생의 마지막을 보낸, 또한 그 어느 작품보다도 자랑스러워한, 세계적으로 유명한 건축가의 별장이라는 이미지와는 걸맞지 않게 놀랄 정도로 작고 간소하게 꾸며진 4평 원룸의 「작은 별장」, 햇빛을 끌어들이는 것을 최대의 과제로 삼아 유리벽과 목재벽을 효과적으로 조합한 루이스 칸의 「에시에릭 하우스」, 폭포 위로 솟아오른 화려한 외관만이 아닌 바위의 상층부를 그대로 거실로 끌어들인, 태곳적으로 내려오는 주거에 대한 기억을 이어가는 정취가 있는 프랭크 로이드 라이트의 「낙수장」, 그 어떤 화려한 건축 기법보다 장소성을 중요시하여 그 지방 전통민가의 방식을 그대로 현대식 집에 적용시킨 마리오 보타의 「리고르네토의 집」, 자연이 만들어낸 방향성을 끝내 거부하지 않은 북유럽 건축의 대가 에릭 군나르 아스플룬드의 「여름의 집」, 마차의 차고로 이용되었던 폭 7.5미터의 공간에 서양과 동양의 정서를 동시에 담은 필립 존슨의 「타운 하우스」, 전기도 들어오지 않는 침엽수의 숲 속에서 건축물만을 유별나게 하고 싶지 않았던, 그래서 자연에 대한 오마주를 담고 있는 알바 알토의 「코에타로」, 기세등등한 차가운 귀부인과 같은 인상을 기대했으나 변두리 끝에 작고 사랑스럽고 잘 짜여진 상자처럼 위치한 게리트 토머스 리트벨트의 「슈뢰더 하우스」 등, 건축의 거장들이 〈인간의 거처〉라는 〈집〉에 대한 철학과, 고민과, 상상력을 담아 풀어놓은 9개의 집을 순례하여 이 책에 담았습니다.

  여행일기 같기도 한, 건축 안내서 같기도 한, 스케치와 사진 등을 담은 수첩 같기도 한 이 책에서 저를 두근두근, 울렁울렁하게 만들고 더 나아가 허둥대게 했던 것의 정체가 도대체 무엇인지, 독자 여러분들이 그것을 감지한다면 저에게는 그 이상 행복한 일은 없을 듯합니다.

나카무라 요시후미

UNE PETITE MAISON 1924

르 코르뷔지에 · 어머니의 집
스위스 / 코르소 / 1924년

르 코르뷔지에 Le Corbusier, 1887-1965

1887년 스위스 북쪽 라쇼드퐁에서 태어났으며, 본명은 샤를 에두아르 잔느레(Charles Edouard Jeanneret)이다. 고향의 예술공예학교에서 레플라트니에 밑에서 교육을 받았다. 또한 요셉 호프만, 오귀스트 페레, 페터 베렌스 등 당시의 대가들과 접촉하면서 새로운 건축의 흐름을 체득했다. 특히 1908년과 1911년 두 차례의 여행을 통해 고전 건축과 각 지역의 특색 있는 건축에 대한 깊은 이해를 얻었다.

1917년 30세 때부터 사촌형제인 피에르 잔느레와 함께 도시계획 설계사무소를 열었다. 파리에서의 건축활동을 통해 프랑스 건축가가 된 동시에 르 코르뷔지에라는 이름을 선 세계에 남기게 되었다. 이후 건축과 도시계획 분야에서 근대건축의 선구자로서 기념비적인 작품을 많이 남겼다. 뿐만 아니라 큐비즘의 화가, 조각가, 건축 이론가로도 활약했으며, 미스 반 데어 로에, 프랭크 로이드 라이트와 함께 근대건축의 거장이라 불린다.

대표적인 작품으로는 「라 로슈 잔느레 주택」(1923), 「빌라 사보아」(1929), 「유니테 다비타시옹」(1952), 「롱샹 교회」(1955) 등이 있다. 저서로는 『건축을 향해서』(1923), 『오늘날의 장식예술』(1925), 『빛의 도시』(1935) 등이 있다.

Le Corbusier
Une Petite Maison

무도회의 수첩

"그렇군. 그래서 〈무도회의 수첩〉이라고 하는가 보군……."
차창으로 흘러가는 레만 호수의 수면과 제방 건너편의 알프스 산들을 아련히 바라보면서 저는 무심코 그렇게 중얼거렸습니다.

여행, 그것도 이동이라고 하는 공백의 시간에는 그 전에는 생각할 수도 없는 상념들이 뇌리를 스쳐 지나갑니다. 독자 여러분을 위해 잠시 설명을 해드리자면, 「무도회의 수첩」은 중년이 다된 미망인이 처녀 시절 그녀에게 사랑을 바친 남자들을 오래된 무도회의 수첩에 기록된 이름을 실마리로 한 사람 한 사람씩 연고를 찾아다닌다는 이야기를 지닌 오래된 프랑스 영화입니다.

영화처럼 로맨틱한 이야기는 아니지만, 그 옛날 학생이었던 저에게 건축이라는 언어로 조용히 말을 걸어 순식간에 저를 매료시킨 주택의 명작이 몇 작품인가 있었습니다.

오래된 수첩을 뒤적일 필요도 없이 긴 세월이 지난 지금도 그 십들은 제 마음 깊숙한 곳에 단단히 안착되어 있습니다. 젊은 시절부터 질리지 않게 보아온 이들 집의 도면과 사진에서 저는 건축의 정신을 배우고 설계의 수법을 익혀 왔지만, 최근 들어 제가 동경하고 마음을 빼앗겼던 그 집들의 참모습은 어떤 것이었는지, 그 실내의 공기는 상상과는 어떻게 다른지, 또는 어떻게 다르지 않는지, 그 집을 받치고 있는 건축의 정신은 지금도 건재한지 궁금해졌습니다. 그래서 그 집들을 가까이에서 직접 눈으로 바라보고, 그 집에 손을 대보고, 그 내부 공간을 제 자신이 직접 들여다봄으로써 명작을 명작으로 자리 잡게 한 그 정체가 도대체 무엇이었는지를 감지하고, 건물 여기저기에 배어 있는 설계자의 숨결과 숨소리를 듣고 싶다는 생각이 마음속에서부터 간절히 솟아났습니다.

이렇게 해서 저에게는 주택설계의 스승이며 또한 수년 전의 연인과도 같은 그 집들을 이제야 하나하나 찾아다니게 되었습니다.

노부모를 위하여

저의 주택순례의 첫 번째 방문지는 스위스 레만 호숫가의 코르소라는 조용한 마을에 있는, 르 코르뷔지에가 설계한 「작은 집UNE PETITE MAISON」입니다. 건축가 르 코르뷔지에가 고향인 스위스의 쥬라 산맥을 떠나 큰 야망을 품고 파리에 온 것은 1917년 그가 30세가 되던 해입니다. 의욕 넘치고 불의에 굴하지 않고 불굴의 정신을 가진 근대건축의 선구자는 냉담한 세간의 평판을 뒤로한 채 그때까지의 건축 개념을 크게 뒤집는 작품을 연속적으로 발표하게 됩니다.

어쨌든 건축계나 세상을 향해 하고 싶은 말, 하고 싶은 일이 가득 넘쳐 조금도 가만히 있지 않았던 사람이 바로 르 코르뷔지에라는 사람입니다.

그 무렵 그는 작품의 발표뿐만 아니라 계몽적이고 도발적인 집필 활동 또한 활발히 하고 있었습니다. 1923년에는 근대건축선언이라고도 말할 수 있는 『건축을 향해서』라는 책을 출판하는데, 레만 호수의 「작은 집」은 정확히 그 해에 공사가 시작되었습니다. 누구나 인정하는 전위건축의 선두주자로서 그 이름과 지위를 부동의 것으로 만든 시기와 정확히 겹쳐 있다는 뜻이죠.

이 집을 르 코르뷔지에는 「작은 집」이라고 이름을 붙였지만, 일반인들에게는 「어머니의 집」이라고 불리어지고 있습니다. 「어머니의 집」이라고 불리게 된 이유는, 애초에 르 코르뷔지에는 이 집을 노부모님이 거주하실 수 있게 해드릴 목적으로 설계했지만 불행하게도 그의 부친

르 코르뷔지에가 지은 「어머니의 집」. 도로 쪽에서 본 이 집의 인상을 한마디로 말하면 〈직사각형〉이라고 할 수 있습니다. 도로를 가로지르는 길고 낮은 담, 립스틱 통을 넘어트린 것같이 옆으로 긴 건물, 동시에 흰 외벽에는 예리한 칼의 이미지가 겹쳐져 있습니다.

건물의 동쪽 정면. 왼쪽에 레만 호수, 오른쪽에 현관으로 향하는 통로가 있습니다. 통로는 담에 의해 교통량이 많은 도로와 분리되고 있습니다.

은 이곳에 이사 온 지 일 년여 만에 세상을 뜨고 피아노 선생님이기도 한 어머니가 101세의 장수를 다하고 돌아가시기까지 36년간에 걸쳐 이 집에서 계속 살았기 때문입니다.

일본에서는 처음 독립해서 일어선 젊은 건축가의 첫 번째 작업으로 부모나 친형제, 친척의 집을 설계하는 것이 통상적인데(결국 일가친척 중에서 최초의 희생자가 나오게 됩니다만.), 어쩌면 외국도 사정은 마찬가지인 듯합니다. 르 코르뷔지에는 「작은 집」과 같은 시기에 음악가인 아르베르라는 형을 위한 집도 설계했습니다.

마음씨 착하고 걱정 많은 독자라면 여기까지 읽어오면서 불길한 예감을 느끼셨을 겁니다. 이제 〈르 코르뷔지에〉라고 하면 일단 야망, 반골, 도발, 전위건축의 기수라는 말과 함께 〈일가친척의 박해자〉라는 말도 아른거리게 되었을 테니까요. 건축가를 자식으로 둔 애처로운 어머니와 그들을 둘러싼 주거환경의 미래가 살짝 불안하게 느껴지는 것은 아마도 우리 모두의 인지상정이겠지요.

그렇지만 안심하세요. 다행스럽게도 르 코르뷔지에는 집주인을 무시하고 기발한 아이디어만 자랑하는 전위건축가는 아니었습니다. 그는 육신을 가진 인간의 행동이나 희로애락을 충분히 알고 일반 사람들의 〈생활〉이라고 하는 잡다한 일상에까지 세심한 배려를 하면서 이 작은 집에 유쾌한 아이디어를 가득 담아 참신하고 사랑스러운 집을 완성했습니다. 게다가 건축적으로 말하자면 탄복할 만한 전위적인 주택 작품을 말이지요.

이야기가 흐르는 집

르 코르뷔지에는 나이 드신 부모님 두 분만의 조용한 생활을 사소한 부분에 이르기까지 예측하고 통찰하는 일부터 시작해서 정성스럽게 이 작은 집의 설계에 착수했습니다. "집은 거주하기 위한 기계다."라는 말이 신조였던 건축가답게 공간을 헛되게 차지하는 것은 전부 잘라내어 없애 버렸습니다. 집에 반드시 필요한 소재를 어떻게 조합해야 기능적이고 쾌적한 거주공간이 완성될지가 이 집의 과제이고 테마였지요. 결국 르 코르뷔지에는 부모님을 위한 집의 설계를 통해서 〈최소한의 집〉이라는, 건축가에게 있어 보편적인 테마를 추구하게 된 것입니다. 결국, 최소한의 집을 추구한 결과 레만 호수 부근에 자리하여 결실을 맺어 「작은 집」이 되었다고 표현하는 것이 더 진실에 가깝겠지요.

르 코르뷔지에는 바닥 면적을 최소한으로 제한하는 것이 매우 중요하다고 여겼는지 어느 스케치에서는 "현관이 몇 제곱미터, 침실이 몇 제곱미터, 주방이 몇 제곱미터, 화장실이 몇 제곱미터, 객실이 몇 제곱미터"라는 식으로 일일이 수치를 적어서 더하고 있습니다. (더구나 재미있게도 그 간단한 덧셈에서 1제곱미터가 줄어드는 오차가 났습니다. 그만큼 절실하게 바닥 면적을 줄이고 싶었나 봅니다.)

바닥 면적을 최소한으로 제한하는 것도 그렇겠지만, 그 수치를 훌륭하게 〈조합〉하는 것이 이 집을 만들기 위한 가장 중요한 작업이라는 것은 틀림이 없는 듯합니다. 각각의 기능을 가진 흩어진 공간을 수놓고 조합하는 것, 그것은 결국 동선의 계획으로 귀착되지요. 르 코르뷔

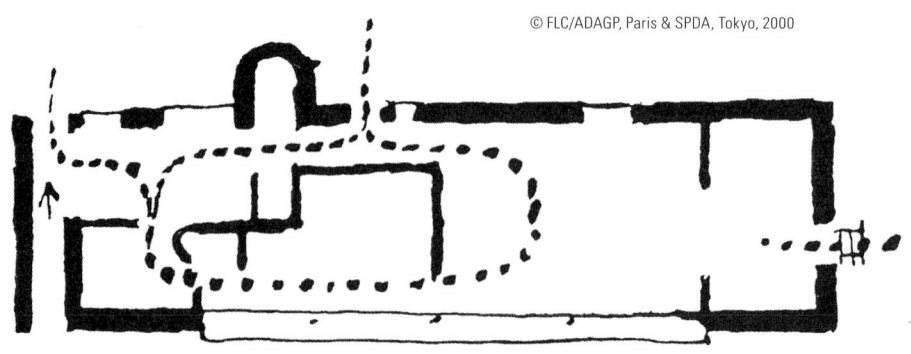

르 코르뷔지에가 직접 붓으로 그린 스케치. 이 집의 최대 특징이 〈회유성 있는 연속적인 공간 계획〉이라는 사실을 스케치가 증명하고 있습니다.

지에 자신이 그린 맛깔스런 동선의 스케치가 이 집이 지닌 많은 매력을 말해주고 있습니다. 저로서도 그렇게 연필로 그려진 훌륭한 스케치를 접한 후 매혹 당하고 반해 버리지 않았다면 일부러 이곳 레만 호수까지 오는 일은 없었을 겁니다.

 독자 여러분도 꼭 르 코르뷔지에가 직접 그린 스케치를 보고 느끼는 한편, 그가 그린 점선을 따라가면서 평면도 내부를 돌아다녀 보았으면 합니다. 그리고 〈건축적 산책로〉가 르 코르뷔지에 건축에서 하나의 키워드라는 것을 잊지 말고 꼭 머리에 넣어두시기 바랍니다.

 얼마 안 되는 60제곱미터(18평) 정도의 이 작은 집에서 협소함을 느끼지 않을 수 있었던 비결은 사실 이러한 〈동선 계획〉에 있었습니다.

 막다름이 없는 집, 〈무한한 확장을 가진 작은 집〉. 지금에서야 건축가들이 〈회유성이 있는 공간 계획〉이라든가 〈연속적인 공간 계획〉에 관심을 갖지만, 르 코르뷔지에는 70년이나 이전에 이미 이 작은 집에서 이러한 것들이 불가결한 조건이라고 통찰하고 실현시킨 것입니다.

실제로 이 집의 내부를 이리저리 걸어 돌아다녀 보면 계속적으로 나타나는 장면들의 다양함뿐만 아니라 그 속에 극적인 효과가 담겨 있는 것에 놀라게 됩니다. 그저 단순히 돌아다니는 것이 아니라, 그 배후에 어떤 이야기가 전개되고 있는 듯한 느낌이 느껴집니다. 이는 평면도에서는 전혀 상상도 할 수 없었던 일이지요.

끊임없이 자동차가 달리는 도로에서 조용한 담의 내부로, 현관의 좁은 통로를 빠져나와 확장감이 있는 거실로, 그리고 동쪽의 좁은 창에서 쏟아지는 햇볕을 맞으면서 거실을 빠져나오면 거기에는 정원이라는 〈외부 거실〉이 있습니다.

여기서 다시 한 번 실내로 들어가 볼까요. 거기에는 거실에서 침실 그리고 욕실에 이르기까지 이어진 가로 방향의 멋들어진 긴 창문이 있고, 그 창문 전체에 스며드는 레만 호수와 알프스 산의 경치가 사람을 반깁니다. 왼쪽에서 조망을 느끼면서 나아가면 안정감 있는 햇살이 들어오는 침실 코너에 도착하게 됩니다. 동선은 다시 세면실과 욕실의 한 구석으로, 여기서 멈추지 않고 욕조 옆의 문을 열면 창고 겸 세탁·건조실이 이어지고, 나아가 쓸모없는 공간은 조금도 허용하지 않으려는 듯이 치밀하게 선반을 배치한 구조 또한 보는 이로 하여금 감탄을 자아내게 합니다.

오른쪽 문 뒤쪽으로는 세탁실이 있는데 어두컴컴해지기 쉬운 세탁 코너를 천장에서 자연광이 내리비추게 하고 있습니다. 그리고 밝은 서

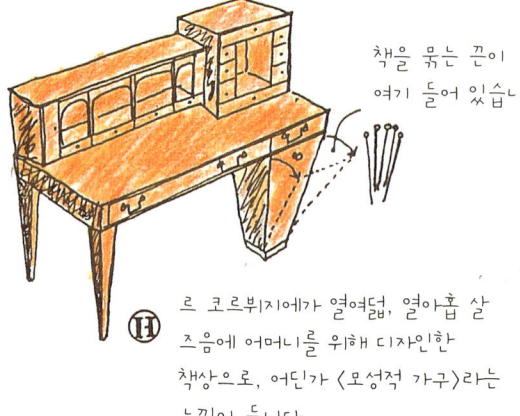

Ⓑ 정원의 한쪽에 만들어진 콘크리트 테이블과 레만 호수의 조망을 조절하는 전망창. 정원은 훌륭한 외부 거실이 되고 있습니다.

Ⓗ 르 코르뷔지에가 열여덟, 열아홉 살 즈음에 어머니를 위해 디자인한 책상으로, 어딘가 〈모성적 가구〉라는 느낌이 듭니다.

Ⓔ 아침햇살이 들어오는 동쪽의 높은 창

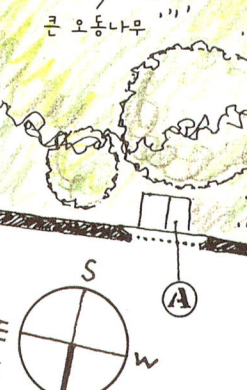

큰 오동나무

Chaise Longue

Ⓘ 르 코르뷔지에가 어머니의 101세 생신 때 보낸 침대의자

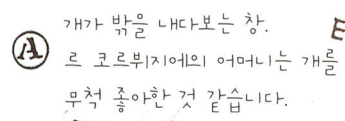

Ⓐ 개가 밖을 내다보는 창. 르 코르뷔지에의 어머니는 개를 무척 좋아한 것 같습니다.

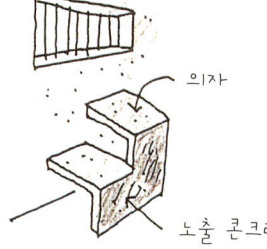

의자

노출 콘크리트

UNE PETITE MAISON 1924

어머니의 침실. 직사각형 창문은 거실에서 그대로 수평으로 연속되는데, 침실을 통과하여 욕조가 있는 욕실까지 연장되고 있습니다.

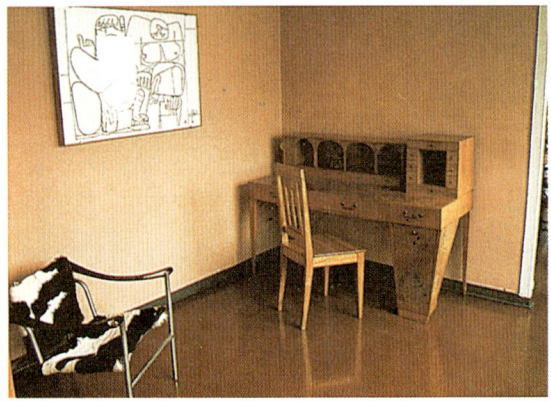

욕실 쪽에서 바라보는 어머니의 침실 일부. 거실과의 사이에 문은 없으며 커튼으로 간단하게 구획되어 있습니다. 고풍스러운 책상은 실제로 르 코르뷔지에가 젊었을 때 디자인한 것입니다.

비스 야드(보조적인 생활 공간)에 면한 청결한 부엌은 서비스만을 생각한다면 식당에서 약간 먼 것이 불편하지만 알맞은 넓이로 일하기에는 쉬워 보입니다. 부엌문을 통해 밖으로 나와 계단을 오르면 2층의 게스트 룸이 나오고, 최소한도 면적의 화장실 부스와 보일러가 놓여 있는 통로 사이를 빠져나오면 다시 현관에 도달합니다.

공간은 자유자재로 좁아지고, 넓어지고, 줄어들고, 늘어나고, 막히고, 통하면서 밝음에서 어두움, 협소함에서 광활함으로 전개되는 여러 모습을 만들어내고 있었습니다.

르 코르뷔지에가 명명한 〈건축적 산책로〉라는 말은 이 작은 보행로에도 적용되고 있다는 사실을 확실히 실감할 수 있었지요.

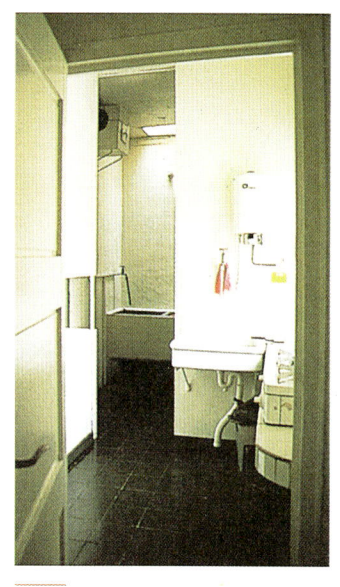

현관홀에서 본 화장실과 다용도실. 청결하고 밝은 분위기로, 어둡고 음습한 뒤쪽이라는 인상은 없습니다. 세면대 위의 천장에서 내리비추는 자연광은, 건축을 통해 르 코르뷔지에가 어머니에게 바치는 〈선물〉입니다.

가득한 건축적 배려

이 집은 또한 〈건축적 배려〉를 담고 있는 보물창고와 같습니다. 신뢰할 수 있고 서로 이해할 수 있고 안심할 수 있는 부모님의 집이었으므로, 르 코르뷔지에는 여유로움과 자유로운 기분으로 평소에 자신이 갖고 있었던 건축적인 제안이나 유쾌한 아이디어를 충분히 반영하려는 시도를 할 수 있었지요.

예를 들면 수평 창문을 한 번 보세요.

레만 호숫가를 향하는 전면에는 창문이 하나밖에 없습니다. 하지만 그 창문의 길이는 무려 11미터 46센티미터나 됩니다. 〈리본 윈도ribbon window〉라고 부르는 수평 창문이야말로 이 집에서 르 코르뷔지에가 준비한 자랑스러운 〈건축적 진수성찬〉입니다. 조적조(돌, 벽돌, 콘크리트 블록 등으로 쌓아 올려서 벽을 만드는 건축 구조)에서는 세로로 긴 창문을 만들 수는 있어도 가로로 긴 창문은 불가능합니다. 창문은 세로로 긴 것이라는 조적조의 상식을 보기 좋게 타파하고 옆으로 일자형으로 길게 창문을 만들어낸 르 코르뷔지에의 콧대 높은 의지에 가득 찬 얼굴이 눈앞에 떠오르는 것 같습니다.

게다가 창문의 가치를 최대한 높이기 위해 그 비례나 세부의 치수를 꼼꼼하게 결정했다는 사실도 알 수 있습니다. 아무렇지 않은 듯 세워져 있는 칸막이벽의 중간에 삽입된 커튼박스(커튼을 설치하기 위해 벽면에서 띄운 공간), 수동식으로 위로 올리는 덧문 장치, 높게 올라온 창틀 등, 세심하게 주의를 기울이지 않으면 빠뜨리고 지나칠 수 있는 작은 부분에 이르기까지 르 코르뷔지에의 애착과 면밀한 검토의 흔적을 엿볼 수 있습니다.

그리고 이 수평 창문이 거둔 최대의 공적은 깊이가 4미터에 불과한 실내를 안락한 공간으로 만들었다는 점이 아닐까요. 평면도를 보면서

레만 호수 쪽을 향하고 있는, 르 코르뷔지에가 자랑하고 있는 수평 직사각형 창문. 호수 수위의 변동에 영향을 받아 외벽에 금이 생겨 벽은 리브(rib, 얇고 편편한 재료를 보강하기 위해 재료 단면과 직각으로 설치된 보강재)가 설치된 아연 철판으로 덮여 있습니다.

게스트 룸에서 거실, 식당을 바라본 모습입니다. 왼쪽에 이 집의 하이라이트인 수평 창문이 화사하게 자리 잡고 있습니다. 사람 수에 따라 크기를 조절할 수 있는 접이식 테이블도, 그 식탁 위의 벽에서 돌출된 조명기구도 신축 당시, 즉 70여 년 전의 모습 그대로입니다.

아침햇살이 들어올 수 있도록 설치된 동쪽의 높은 창. 지붕은 이 부분만 높게 되어 있어 수평의 인상이 강한 이 집에 〈높이감〉을 주고 있습니다.

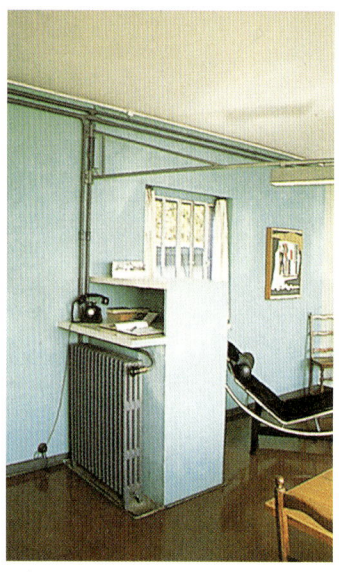

입구에 있는 콘크리트제의 선반. 침대의자가 놓여 있는 곳이 원래는 어머니의 피아노가 있던 장소였습니다. 위에 당시 사용하던 회전식 조명기구가 보이네요. 이 조명기구는 피아노 선생님이셨던 어머니가 피아노 치실 때를 고려해 특별히 설치한 것입니다.

르 코르뷔지에 28

이 집에는 휑한 복도와 같은 무료한 분위기가 떠돌지 않을까 염려하기도 했지만 실제로 보니 조금도 그렇지 않았습니다. 벽의 면적과 절묘한 비례 관계를 이루고 있어서인지 실내에는 차분한 기품이 느껴졌습니다.

*

르 코르뷔지에가 설계한 집을 방문하면 언제나 감동을 받는 이유는 스케일을 통해서만 표현할 수 있는 디테일로 상당히 섬세한 작업을 했기 때문입니다. 예를 들면 그의 초기 대표작 「빌라 사보아 Villa Savoye」의 경우에는, 멀리서 본다면 그저 정사각형 상자의 일부를 오려낸 것 같은 창문이 붙어 있는 것밖에는 보이지 않을 창틀에, 외벽을 더럽히지 않기 위해 엄지손가락 크기의 작은 홈을 설치하여 그곳의 물을 빨대 크기 정도의 파이프로 배수하게 하는 것과 같이 세밀하게 시공되어 있는 것을 발견하곤 한참이나 눈을 떼지 못한 적도 있었습니다. 수명이 짧은 실험건축이라고 무시할 수도 있는 주택이 실제로는 꼼꼼하고도 견실한 작업이 뒷받침되고 있어, 일종의 품격을 지니면서 그렇게 오랜 시간 동안 서 있는 것입니다.

아마도 같은 이유이겠지만 부엌이나 다용도실 등의 보조 공간에도 절대로 허술한 부분이 없었습니다. 일반적으로 건축가라고 하는 사람들은 아무래도 표면상의 모양이나 보기 좋은 외관을 만드는 것에만 신경을 쓰는 경우가 많아 뒤쪽에 존재하는 보조 공간은 예상외로 배려가 결여된 모습으로 방치되기도 합니다. 하지만 르 코르뷔지에의 경우에는 그런 경향을 찾아볼 수가 없었습니다. 아니, 발견할 수 없다고 표현하기보다는 사실은 그의 자상한 마음이 엿보인다고 하는 것이 옳을 것입니다. 일반적으로 집 뒤쪽에 있는 그런 보조 공간에서 〈여성적〉이라고 할 정도의 섬세한 배려를 발견하곤 저도 모르게 입가에 미소를 띤 적도 있었습니다.

  예를 들어 세탁물이 흐르는 공간 사이에 세탁을 위한 고정선반을 설치한다든지, 물 빼는 도랑에 비누받이를 설치한다든지와 같이 적재적소에 세심하게 배려된 장치들은 그곳에서 작업하는 사람에 대한 배려가 들어 있습니다. 이 집도 뒤쪽은 창고의 선반 배치에 이르기까지 정말로 섬세한 설계로 공을 들인 모습이 보입니다.

  주택의 기능적인 심장부를 설비가 집중되는 집의 〈뒤쪽〉으로 간주하고 거기에 심혈을 기울인 사람이 아니었다면 "집은 거주하기 위한 기계"라는 말은 생각해내지 못했을지도 모릅니다.

  근대건축의 거장이라고 불리는 평판의 이면에 르 코르뷔지에에게는 〈위대한 가정살림 관찰자〉라는 또 하나의 얼굴이 있다는 것을 독자 여러분께서는 꼭 마음속에 간직하시기를 바랍니다.

지붕 없는 거실

내부뿐만이 아니라 정원이나 옥상에도 르 코르뷔지에의 자부심은 이어집니다.

옥상에서 정원을 내려다보았습니다. 신축 당시의 사진에서는 팔뚝 굵기 정도로 보였던 오동나무가 충분한 일조량과 호수의 수분을 마음껏 받아들여 지금은 놀라울 정도로 크게 성장해 있습니다.

정원의 한쪽 귀퉁이에 있는 전망창과, 직접 만들어서 설치한 콘크리트 테이블. 이런 귀중한 장소에서 오후에 차 한 잔을 마신다거나 식사를 하는 것은 아마도 꽤나 유쾌한 일이었을 거예요.

화초가 자생하도록 흙을 깔아 놓은 옥상정원은 르 코르뷔지에가 제창한 〈근대건축의 5원칙〉 중 하나입니다. 바로 앞에 보이는 창은 게스트 룸에 아침햇살을 끌어오기 위해 높이 낸 창문입니다.

외부 거실로 사용되었던 게스트 룸 앞의 지붕 달린 테라스. 그 테라스를 지탱하는 스틸 파이프의 수직선과 레만 호수의 수평선이 만들어내는 기하학적인 구성은 르 코르뷔지에가 특히 맘에 들어 했다고 하네요.

옥상정원에서 본 레만 호수와 알프스의 눈부실 정도로 아름다운 조망. 르 코르뷔지에는 이렇게 말했답니다. "빛, 그리고 공간, 이 호수와 저 산세……. 자, 보십시요. 생각했던 바와 같이 훌륭합니다!"

정원이라고 하기보다는 〈외부 거실〉로 설계된 옥외정원에는 나무 그늘을 만드는 수목이 심어져 있고 손으로 만든 콘크리트 테이블이 놓여 있습니다. 레만 호수의 빼어난 조망을 절묘하게 잘라내고 있는 전망창picture window은 이 정원이 그야말로 〈지붕 없는 거실〉이라는 것을 재인식시켜 주는 장치 역할을 하고 있습니다. 경미한 부분이겠지만 도로와 떨어진 담은 상부가 약간 안쪽으로 경사져 있어 내부의 정원을 감싸는 듯한 효과를 만들어내고 있습니다.

〈옥상정원〉은 르 코르뷔지에가 근대건축 5원칙의 하나로 열거할 정도로 자주 사용하는 수법 중 하나입니다. 이 집의 옥상정원에는 화초가 뿌리를 내릴 수 있도록 흙을 깔아놓고 있습니다. 물론 단열효과를 계산에 넣고 있다는 것은 말할 필요도 없겠지요. 옥상에 올라가 보면 지붕을 연결하는 낮게 서 있는 벽은 마치 배 언저리 같고, 집 건물은 눈앞에 펼쳐진 레만 호수에 떠 있는 배와 같다는 생각을 갖게 하더군요. 이는 르 코르뷔지에가 증기선을 아주 좋아했던 사람이었다는 사실을 새삼 깨닫게 합니다.

고양이를 위한 테라스

도로 경계의 담 모퉁이에는 철로 만든 격자 모양으로 패인 개구부가 있는데, 이것은 개구멍이라고 합니다. 두 단 정도 올라가서 이곳을 통

돌로 쌓은 벽에 뚫어진 개구부는 레만 호수와 건너편 기슭에 있는 알프스의 조망을, 마치 액자처럼 따로 떼어내서 보기 위한 대형 창문의 역할을 하고 있지요.

옥상으로 올라가는 캣워크 계단. 인접 가옥을 구획하고 있는 오른쪽 벽의 높이나 그 형태에 대해서는 옆집과 몇 번이나 협의했다고 하는데, 르 코르뷔지에 재단에 스케치를 포함한 흥미로운 엽서가 남아 있습니다.

해 밖을 엿보면 세상 돌아가는 모습을 알 수 있는데, 이는 세상사에서 격리된 채 상자에 들어 있는 외로운 개가 되지 않도록 한 배려인 듯합니다.

또 들고양이를 위해서도 특별한 배려가 있었습니다. 옆집과 떨어진 높은 담 중간에 구조상의 이유로 캣워크(catwalk, 건물 밖이나 다리 등에 만들어져 있는 좁은 보행자용 통로)가 만들어져 있는데, 그 끝 부분에 들고양이가 레만 호수를 바라볼 수 있는 작은 테라스가 설치되어 있습니다. 본래는 이 부분에 좀 더 건축적인 이유가 있었을 것으로 생각되지만, 저는 이것을 왠지 〈들고양이를 위한 테라스〉라고 생각하고 싶네요. 이처럼 개나 고양이의 기분까지 배려하는 건축가를 〈인도적인 건축가〉라고 불러야 하지 않을까요?

수수께끼 같은 증축

도로 쪽에서 촬영한 외관 사진에는 오른쪽에 2층 부분이 보이지만 그곳이 어떤 방인지 그 부분에 관한 도면이나 사진 등 적당한 자료도 없고 궁금해 하는 사람도 없어 저에게는 그 부분이 오랜 기간 수수께끼로 남아 있었습니다.

이번 방문에서 그곳이 증축된 게스트 룸인 것을 알 수 있었지요. 손님용이라고는 하지만 실제로는 코르뷔지에 부부가 노모를 만나러 왔을 때 사용한 침실입니다. 어느 날 르 코르뷔지에가 어머니 집을 찾아가 거실 옆에 있는 객실에 묵으려고 보니 먼저 온 손님이 있어 어쩔 수 없이 야간열차를 타고 되돌아온 쓰라린 경험이 있었다고 합니다. 그것이 증축의 직접적인 동기가 되었다고, 이 집의 열쇠를 관리하고 있는 인근 여성이 가르쳐 주었습니다.

게스트 룸에는 세면기를 수납한 찬장이 있습니다. 찬장 문을 열면 그 뒤쪽에 거울이 있고요. 르 코르뷔지에는 세면기를 편애했다는 것이 저의 생각입니다. 항상 세면 공간에는 특별한 배려와 대우가 엿보이기 때문이지요. 안 그런가요?

마침 그 무렵 전면도로의 확장과 그 위치의 변경 공사가 있어 그것을 겸한 증축이기도 했답니다. 마을사업의 일부이기도 한 전면도로 확장공사에 대해서는 소음 외에도 환경을 현저히 악화시킨다고 르 코르뷔지에는 지나칠 정도로 관공서에 항의했다고 하네요. 스위스에서는 건축 허가가 상당히 복잡한 것 같은데, 어쨌든 그 일로 인하여 증축 허가를 받고 문과 담의 공사비도 마을에서 지불하게 하여 1938년에 증축 부분이 완성되었다고 합니다. 르 코르뷔지에는 공무원과의 대결에서도 상당한 수완을 발휘하는 사람이었던 모양입니다.

『작은 집』

이미 알고 있는 사람이 많다고 생각되는데, 이 매력적인 작은 주택의 걸작은 『작은 집 UNE PETTE MAISON』이란 책으로 출판되었습니다. 엽서 크기의 사이즈로 불과 80페이지 정도의, 그야말로 작은 책입니다.

일견 낡고 퇴색된 흑백의 사진에 약간의 해설이 첨가되어 있는 정도여서 수수한 책이라고 생각할 수도 있지만 그 내용은 정말 풍부하고 깊은 묘미가 있고 또한 재미있습니다. 그도 그럴 것이 해설과 전체 줄거리를 르 코르뷔지에 본인이 직접 기술했기 때문입니다.

먼저 평면도를 완성한 후 그에 어울리는 부지를 오랫동안 찾아 헤맸던 일, 그렇게 발견한 레만 호숫가의 부지가 마치 〈손에 장갑을 끼듯이〉 꼭 맞았던 일, 건축에 관련된 독창적인 아이디어를 떠올렸던 일, 이 집의 외벽을 둘러싼 불가사의한 현상을 겪었던 일, 게다가……. 아니 이 정도로 해두기로 하지요. 이 집에 관한 여러 가지 에피소드에 대해 알고 싶다면 직접 르 코르뷔지에의 책을 통해 그 독특한 표현과 어조에 귀를 기울여 보시기 바랍니다.

부엌문 주변의 보조 공간. 도로 쪽에서 받는 석탄의 반출구가 보이네요.

게스트 룸의 실내 모습. 천장이 낮아서 거실로 허가되지 않아서인지 〈과일 저장소〉로 신고했습니다. 건너편을 보기 위해서는 50센티미터 정도의 받침대에 올라가야 합니다. 물론 레만 호수를 보기 위해서죠.

증축된 게스트 룸의 건너편으로 레만 호수를 조망합니다.

37 어머니의 집

ESHERICK HOUSE

1901~1974
Louis I. Kahn

루이스 칸·에시에릭 하우스
미국／필라델피아 체스트넛 언덕／1961년

루이스 칸 Louis I. Kahn, 1901-1974

1901년 발틱 해 연안에 있는 에스토니아 오젤 섬에서 태어났다. 1905년 가족과 함께 미국 필라델피아로 이주해 지역 미술학교를 졸업한 후 1924년 펜실베이니아 대학에서 건축을 공부했고, 1935년 필라델피아에 설계사무소를 설립했다. 많은 작품은 아니지만 한 작품 한 작품 혼신의 힘을 불어넣은 예술적인 그의 건축은 마치 〈아름다운 신전〉과도 같았다. 설계사무소를 운영함과 동시에 예일 대학이나 펜실베이니아 대학 등에서 건축학과 교수를 역임하는 등 교육자로서의 평가도 높았다.

대표 작품으로는「예일 아트 갤러리」(1953),「펜실베이니아 대학 리처드 의학 연구소」(1964),「솔크 생물학 연구소」(1967),「후아쟈 저택」(1967),「킴벨 미술관」(1972) 등이 있으며, 저서로는『루이스 칸 건축론』이 있다.

Louis I. Kahn
Esherick House

화상을 입은 두 아이

주택의 설계, 그것도 부엌 설계를 하게 될 때에는 어린 시절 제가 자란 시골집의 부엌을 회상하면서 "생각해 보면 참 많은 변화가 있었구나." 하는 상념에 젖을 때가 있습니다. 특히 가스레인지 주변을 설계하면서 직원과 함께 경험과 지혜를 총동원하여 편리하게 사용할 수 있는 방법을 열심히 찾고 있을 때, 어린 시절 제 시골집에서 보았던 화덕 주변의 느긋한 광경이 문득 떠오르면서 제가 분투하는 모습이 우습게 느껴졌습니다.

아직 어린 아이라 해도 좋을 나이였던 제가 시골집 그 화덕 주변의 모습을 확실히 기억하고 있는 데에는 까닭이 있습니다.

실은 제가 네 살이었을 때 그 화덕에 얼굴 화상을 입었기 때문입니다. 다행히 화상 자국이 남지는 않을 정도의 경상으로 끝났지만, 그때는 양 눈과 주변에 마치 빨갛고 검은색의 리본으로 눈가리개라도 한 것처럼 눈 주변에 띠 모양의 화상 흔적이 있었습니다.

여기서 화상을 입은 상황에 대해 약간 설명이 필요할 것 같습니다.

제가 성장한 시골집은 해안가 소나무 숲 속에 있는 짚으로 만든 초가집으로, 그 당시 저의 집은 장작을 땐 화덕에서 밥을 지었습니다. 젊은 독자 여러분은 옛날이야기에 등장하는 농가와 그곳의 부엌 모습을 회상하면 될 것 같습니다.

어느 날 저녁 무렵, 저는 너무 배가 고픈 나머지 조금이라도 빨리 뜨끈한 밥을 먹어야겠다고 생각했습니다. 그래서 어머니 몰래 화덕 근처로 가서 다 되어가는 밥을 보려고, 나무선반을 뒤집어 놓은 것같이 생긴 솥의 나무뚜껑을 양손으로 조심스럽게 잡아 올려 솥 안을 들여다보았

습니다. 하지만 밥이 완전히 되기 바로 직전의 솥 안이란 그야말로 뜨거운 증기로 가득 차 있다는 것을 어린 저로서는 알 리가 없었습니다.

순식간에 증기기관차처럼 뜨거운 수증기 줄기가 확 분출하면서 제 눈언저리에 닿자 마치 타오르는 불에 닿은 것처럼 느껴지면서 동시에 제 입에서는 울음소리가 터져 나왔습니다.

*

제가 화상을 입기 약 반세기 전, 발틱 해에 면한 에스토니아의 추운 마을에 똑같이 얼굴에 큰 화상을 입은 세 살배기 아이가 있었습니다. 그 아이의 화상은 제 경우보다 훨씬 더 심각해서 얼굴에 평생 지워지지 않는 흉터로 남게 되었습니다.

사고의 전말은 이렇습니다.

난로 앞에서 타고 있는 불을 꼼짝 않고 뚫어지게 보는 것을 좋아했던 아이가 그날도 평상시와 마찬가지로 난로의 불꽃을 보고 있었습니다. 그런데 보통 때라면 남빛으로 타야 할 석탄이 그때까지 본 적이 없는 불가사의한 초록빛으로 활활 타오르고 있었습니다. 그래서 아이는 그 아름다운 초록빛에 매료되어 그것을 자기 것으로 소유하고 싶다는 생각을 갖게 되었습니다.

그리고 그 초록빛으로 빛나는 발광체를 집게로 집어서 자신이 하고 있던 앞치마에 담았다고 합니다. 그러자 갑자기 앞치마는 타오르고, 그는 얼굴과 손에 큰 화상을 입었습니다.

실은 그 어린 아이가 건축가 루이스 칸입니다. 그리고 이번 주택순례의 대상은 루이스 칸과 그가 설계한 「에시에릭 하우스」입니다.

어쩌면 유아기 때 얼굴에 화상을 입은 아이는 건축가가 될 운명을 짊어지고 있는 것도 같습니다. 저와 루이스 칸의 공통점을 발견하곤 그것이 그다지 싫지는 않다는 기분을 느끼면서 여기까지 기술했지만, 위대한 인물과 평범한 사람은 같은 화상을 입더라도 그 동기가 이렇게 서로 다르다는 것에 새삼 놀라게 되었습니다.

생각해 볼 나위도 없겠지만, 한쪽은 〈아름다운 초록빛 발광체를 손에 넣고 싶은 아이〉, 다른 한쪽은 〈맛있는 하얀 밥을 빨리 입에 넣고 싶은 아이〉이기 때문이지요. 이 시점에서 이미 두 아이의 승부는 끝난 것이라고 볼 수 있겠죠?

거참! "세 살 적 버릇 여든까지 간다."는 말은 잔혹할 정도로 정확한 진실인 모양입니다.

아름다운 신전

저는 루이스 칸의 화상과 관련된 에피소드를 4년 전 로스앤젤레스 현대미술관에서 나오고 있던 「루이스 I. 칸」이라는 다큐멘터리 비디오를 통해 우연히 알게 되었습니다. 비디오 속에 출현하는 칸의 미망인이 담담하게 말하는 이 이야기에 저는 왠지 쓰라린 감명을 받았습니다. 비디오를 본 지 2개월도 채 지나지 않았지만 칸의 대표작을 보고 싶다는 애끓는 마음이 갑자기 저를 엄습하면서, 결국 저는 미국 서부에서 동부를 가로지르는 여행을 떠나게 되었습니다.

솔직한 심정을 말하자면, 그때까지 저는 칸의 건축을 경애하면서도 피해왔습니다. 피했다기보다는 칸의 건축은 저에게 있어 너무 존경스러웠던 나머지 감히 접근하기 어려운, 이른바 구름 위에 있는 존재로 느껴져서 그저 우러러보는 마음으로 보고 있었던 것입니다. 학창시절부터 건축 잡지 등에서 보아본 그의 작품들은 잡지에 실린 사진에서조차 주위를 압도하는 위엄 같은 것이 느껴져서 저는 그의 훌륭함에 꼼짝 못할 정도로 사로잡힌 기분이었습니다.

그렇게나 놀라게 된 또 하나의 이유는 그의 〈말〉에 있었습니다. 건축에 대해, 빛에 대해, 침묵에 대해, 물체에 대해, 공간에 대해, 교사와 학생에 대해 설명하는 그의 말이 너무 심오하고도 고상한 의미를 담고 있는 까닭에 부끄러운 고백이지만 저는 잘 이해할 수가 없었습니다. (여기서 작은 목소리로 고백하지만, 실은 저는 지금도 그의 말이 거의 이해가 안 됩니다.)

예를 들면, "물체는 다 타버린 빛이다."라든가, "침묵은 빛으로, 빛은 침묵으로!"라든가, "공간은 건축의 원초이자 마음의 장소이다."와 같은 갖가지 말들. 마치 성서의 『칸 복음서』(루이스 칸의 말을 성서에 빗대어 표현한 말)에서 나온 말과 같기도 하고, "빛 없이는 건축도 존재하지 않고, 빛이야말로 건축의 주제다."와 같은 말은 거의 『창세기』 첫 페이지에 나오는 신의 목소리 같았습니다.

하지만 비디오를 본 이후, 저는 칸의 건축을 그 전보다는 훨씬 더 가까이에서 느끼고 있다는 것을 알게 되었습니다. 그 동안 제가 특별히 크게 성장한 것은 아니지만 『칸 복음서』를 일단은 곁에 놓아두기로 결심한 이상, 아무리 칸의 건축이라고 해도 구름 위에 세워져 있지는 않을 것이며, 제가 발품을 팔아서 방문하기만 한다면 그의 건축 앞에 서 있을 수도 있고, 그 공간에 몸을 맡길 수도 있고, 칸이 주의 깊게 도입한 특별한 자연광에 젖어 있을 수도 있겠다는 생각이 떠올랐기 때문입니다.

그때 여행을 하면서 방문한 칸의 건축물은 예상대로 모두가 제 마음을 강하게 붙들었지만, 그 중에서도 댈러스 포트워스에 있는 「킴벨 미술관Kimbell Art Museum」에서는 마음 깊숙한 곳에서부터 솟아오르는 깊고 조용한 감동을 맛보았습니다.

공간 전부를 지배하는 고요함과 편안함, 어떠한 것에도 아첨을 하지 않는 건축물의 위엄, 그리고 실내 구석구석에 충만하여 기적을 일으키는 기품 있는 은회색의 자연광. 그것은 미술관이라고 부르기보다는 〈아름다운 신전〉이라고 부르고 싶을 정도의 건축이었습니다.

칸이 가슴에 품은 〈초록빛의 발광체〉가 수십 년 동안 그의 마음속에서 소중히 품어져 있다가 드디어 부화돼 「킴벨 미술관」이라는 건축의 모습으로 바뀌어 거기에 세워져 있는 것처럼 느껴졌습니다.

그리고 저는 욕심이 많은 인간이었는지, 칸의 그러한 건축물에 몸을 맡기고 감동한 것에 만족하지 못하고 "칸이 설계한 집도 꼭 보고 싶다!"는 염원을 갖게 되었습니다.

집을 닮지 않은

「에시에릭 하우스」는 도시 교외의 체스트넛 언덕이라고 하는 한가하고 조용한 주택지에 있습니다.

저는 이 집을 두 번 연속, 그것도 우연히 같은 10월에 방문하게 되었습니다. 비디오를 보고 제가 처음으로 칸의 건축 견학여행을 나서게 된 때도 정확히 10월이었기 때문에 저에게는 10월을 〈칸의 달〉이라고 부르는 취향마저 생겼습니다.

처음 이 집을 방문했을 때는 공교롭게도 주변 일대가 10월이라는 계절에 맞지 않게 폭풍우에 휩쓸리고 있어 이따금 내동댕이쳐질 것 같은 비와 바람 속에서 견학했지만, 두 번째 방문했을 때는 뉴잉글랜드 특유의 온화하고 아름다운 맑은 가을날의 모습이었습니다. 그러니 두 개의 서로 다른 날씨 밑에서 이 집을 보게 된 셈입니다.

체스트넛 언덕은 풍성한 숲의 녹음에 둘러싸인 훌륭한 주택지입니다. 네다섯 채 앞에는 주택의 역사를 빛내는 또 다른 화제작인 로버트 벤츄리Robert C. Venturi의 「어머니의 집」도 조용히 세워져 있을 정도입니다.

「에시에릭 하우스」는 선라이즈 로드라고 하는 좁은 길의 거의 막다른 곳에 있었습니다. 대지는 사각형으로, 두 변은 이웃집이 아닌 공원의 울창한 숲에 면해 있었습니다. 집은 도면으로 상상했던 것보다 작았으며, 조각의 원형이 되는 모습처럼 단정하게 서 있었으며, 고르게 손질한 잔디 위에 소중하게 올려져 있었습니다.

Esherick House Sketches © Louis Kahn, 2000

루이스 칸이 직접 그린 「에시에릭 하우스」 스케치

공원의 나무들 속에서 어우러지는 상자형의 집으로는 조금 내려가는 듯하면서 진입합니다. 특징적인 개구부는 이 집이 보통의 집이 아니라는 것을 말해주고 있습니다.

뭐라 표현하면 좋을까요. 건물이 대지에 세워져 있다고 하는 낯익은 인상이 아니라, 그저 〈놓여져〉 있다고 하는, 어쩐지 꿈에서 본 듯한 인상이었습니다. 게다가 별다른 위화감도 느끼지 못할 정도로 풍경에 완전히 녹아들어 있어서 저는 약간의 놀라움마저 느꼈습니다.

자세히 살펴보면, 이 집에는 이른바 〈집다움〉을 느끼게 하는 요소가 적다는 것도 알게 됩니다. 때로는 〈집을 닮지 않은〉이라고 표현하는 편이 더 적절할지도 모르겠네요. 그 이유는 우선 이 집은 평지붕(flat roof, 바닥 슬라브처럼 경사가 없는 지붕)으로 지붕 혹은 지붕 모양이 없으며, 또한 창문 같은 형태의 창문도 없고, 현관문마저도 슬그머니 벽의 오목한 곳에 모습을 감추어 버리고 있기 때문입니다.

건물에서 조금 떨어져 있는 굴뚝은 이탈리아 화가 조르조 데 키리고 Giorgio de Chirico의 그림을 연상케 하는데, 그 뒤편에 난로가 있다는 사실을 강조하기보다 이 세상에 〈굴뚝이라고 하는 것〉이 있다는 사실을 다시금 확인시켜 줍니다.

그렇다고 해서 흔히 있는 실험주택과 같은 것에서 볼 수 있는 건축가의 기세나 뽐내는 듯한 인상은 전혀 느끼지 못했습니다. 오히려 그러한 건축가의 자의식이나 품성을 훨씬 초월한 곳에 있는 것이 이 집이라는 것을 그 자리에서 이해하게 되었습니다.

그 건물은 집으로 보이지 않는 만큼 오히려 그 어떤 집보다도 명확하게 〈집의 원형〉을 보여주며 그저 그 장소에, 조용하고, 확실하게, 존재하고 있었습니다.

*

이 집은 1950년대 후반에서 1960년대에 걸쳐서 지어졌습니다. 건축주 마거릿 에시에릭은 유명한 건축가인 오빠와 저명한 조각가인 와튼 에시에릭을 숙부로 둔 우아한 독신여성이었습니다. 독자 여러분이 이러한 내용을 배경지식으로 알아둔다면 2층 침실에서 한쪽 구석에 있는 욕조에 몸을 담그고 난롯불을 쬘 수 있는 실내 구조와 같은 초연한 아이

정면은 회화적이며 동시에 조각적입니다. 입체적인 음영이 있는 벽면은 날씨나 일조량에 따라 다양한 표정을 보여주고 있습니다.

공원을 향한 동남쪽의 입면. 평면도와 함께 보면 주종의 공간을 교대로 나열한 이 집의 평면 구성이 외관에도 그대로 표현되고 있음을 알 수 있을 것입니다.

디어가 탄생한 이유도 납득하실 수 있으리라 생각합니다.

건물 외관은 언뜻 보기에는 간소하고 조금은 무뚝뚝해 보이지만 자세히 살펴보면 깊은 맛이 우러납니다. 접근 도로 주변에 두 개의 건물이 늘어서 있는 듯한 북서쪽의 정면 외관, 커다란 벽면의 한중간에 난로와 굴뚝이 장난감처럼 설치된 남서 측면, 공원의 숲 쪽

목재의 틀로 구성된 개구부를 올려다보세요. 치장벽토를 칠한 외벽면과 거의 동일선상에 설치된 유리벽면과 목재 패널면. 목재 칸막이벽 부분만이 빗물을 피하기 위해 뒤쪽으로 후퇴해 있습니다.

으로 면한 여닫을 수 없게 끼워 넣어진 유리벽면과 목재 칸막이벽, 치장벽토(stucco, 건축의 천장, 벽면, 기둥 등을 덮어 칠한 화장도료)의 다이내믹한 구성을 보여주는 동남면, 그리고 이곳만큼은 조금은 집다운 모습을 느끼게 해주는 각종 크기의 창문과 출입구 문이 화려하게 정렬된 북동쪽의 입면. 어느 입면을 보아도 칸의 건축다운 개성적인 조형과 그것을 받쳐주는 디테일이 들여다보여 건물의 주위를 한 바퀴 둘러보는 것만으로도 상당히 볼 가치가 있습니다.

그 중에서도 제 눈과 기분을 동시에 끄는 것은 개구부였습니다.

칸은 자연광을 실내로 끌어들이는 것을 그의 건축 최대의 주제라고 생각하고 있었기 때문에 개구부 설계에 무척이나 많은 정열과 시간을 투자했다는 것을 확실히 알 수 있습니다. "자연광 없이, 건축은 없다."

외관을 둘러보고 나서 이곳에 도착하면 이 집은 사람의 품에 안기는 듯한 인상을 강하게 풍기는 표정을 보여줍니다. 이 입면을 묘사한 칸의 밑그림이 있는데, 거기에도 따뜻한 느낌이 배어 있습니다.

이 집을 방문하는 사람이 최초로 대면하는 남서쪽의 커다란 벽면. 굴뚝을 중심으로 뚜렷한 대칭을 이루고 있습니다. 그 표정은 집이라기보다는 커다란 신전과 같습니다.

라고 종종 말하던 건축가의 건물이라는 것을 새삼 말하지 않더라도, 이 집은 마치 개구부 때문에 설계되어졌다고 전해오는 것만 같습니다.

대담하게도 여닫이가 안 되는 커다란 유리벽면과, 주변과 조화를 이루는 다갈색의 낡은 공예품과 같은 분위기의 목재로 만든 칸막이의 절묘한 조화. 목재로 만든 칸막이의 면은 유리벽면보다 50센티미터 정도 뒤에 있어서 입면에 조각적인 음영과 리듬을 주고 있습니다. 물론 그렇게 함으로써 상부가 처마 기능을 하게 함으로써 비를 맞기 쉬운 건축물을 지키려고 한 것으로 생각됩니다.

내부에서 일어나는 생활의 필요에 따라서 건축물을 열고 닫음으로써 건물은 그 표정을 어느 정도로 변화시키게 됩니다. 거기에 거주하는 사람의 생활은 창문을 통해 외부로 드러나게 되구요.

앞에서 〈집을 닮지 않은〉이라고 제가 말했지만, 이 집은 어쩌면 부수적인 것을 일부러 주의 깊게 배제하는 방침이 있었던 것 같습니다.

예를 들어 낙수받이 같은 것도 달려 있지 않습니다. 그 때문에 처마 끝선이 산뜻하게 마무리될 수 있었습니다. 빗물은 지붕의 중앙부에 모여져서 집 내부의 벽에 만든 기다란 통을 통해서 배수되는 구조로 되어 있습니다. 속세에 물든 건축가에게는 비가 샐 수 있는 원인이 되는 그러한 해결 방안을 설사 생각이 나더라도 겁이 나서 좀처럼 실행하지 못하겠지만, 그런 것에 신경을 쓰지 않는 점이 큰 인물다운 것인지도 모르겠네요.

저는 마치 호기심으로 가득 찬 강아지처럼 건물 주위를 빙글빙글 돌고 나서, 어쩌면 사소한 것으로 생각될 수도 있는 노력들이 모여서 이 건물에서 보통의 집과 같은 일상적인 인상을 씻어내고 있다는 사실을 깨달았습니다.

외관은 과묵하고 다양한 표정으로 칸의 건축사상과 그 수법을 이야기해 주는 것 같습니다.

동요되지 않는 평면

지금부터 실내로 들어가겠지만 그 전에 평면도를 먼저 보기로 할까요. 이 집은 직사각형으로 조합되어 상당히 명쾌하고 힘이 넘치는 평면 구

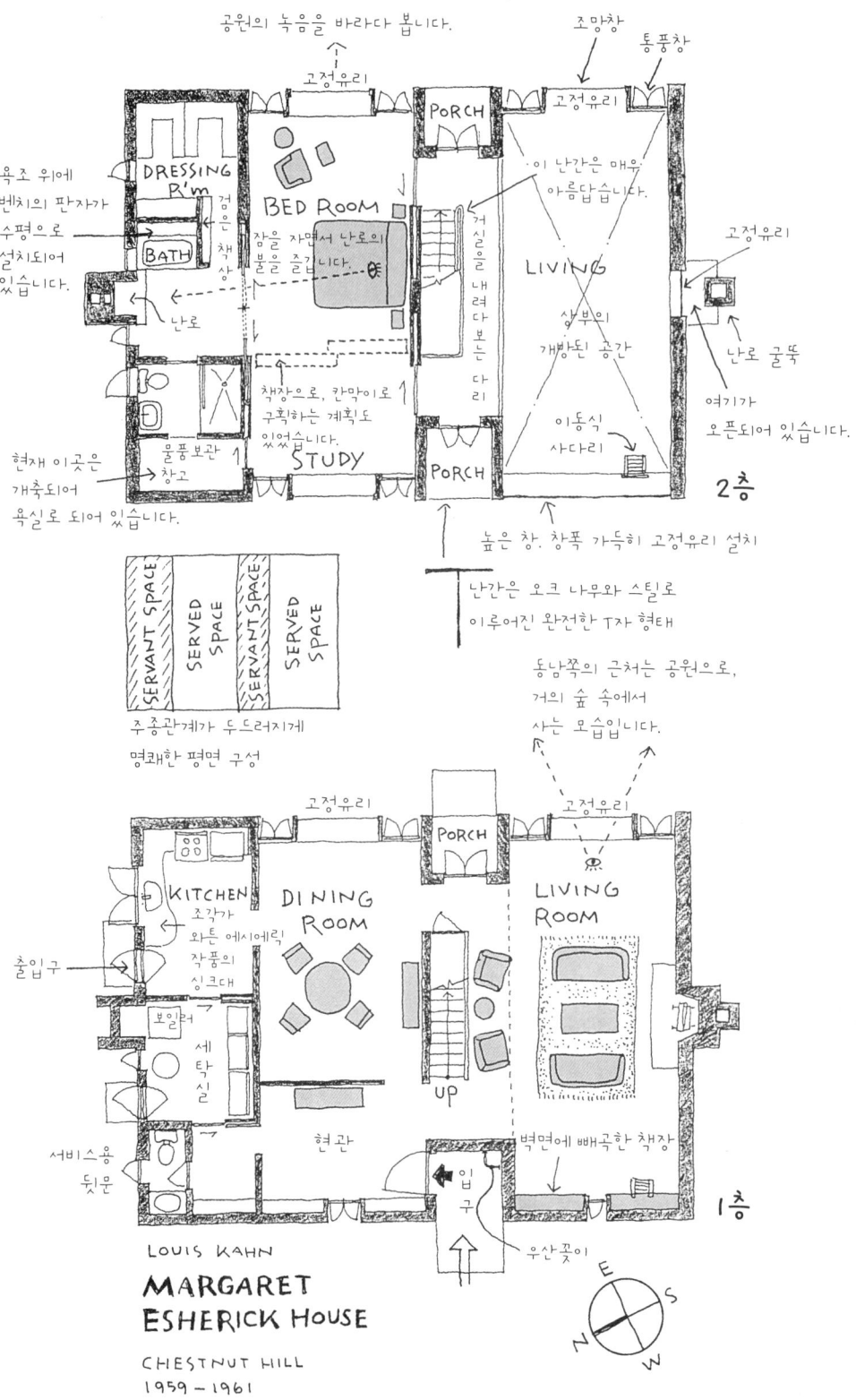

성을 가지고 있습니다. 그 구성은 칸이 제창한 〈주요 공간(Served Space, 서비스를 제공받는 공간)〉과 〈보조 공간(Servant Space, 서비스를 제공하는 공간)〉이라는 개념을 그대로 평면에 정착시킨 것입니다. 이 말에도 물론 깊은 의미가 담겨져 있겠지만, 간단히 말하면 〈거실 공간〉과 〈서비스 공간〉이 됩니다. 그것이 상호 교차하게끔 배치되면서 이 집의 평면도가 완성되고 있습니다.

1층은 거실→계단 공간→식당→부엌·다용도실로 연결되어 있고, 2층은 거실 위쪽의 개방된 공간→계단·복도→침실→창고·욕실·화장실로 연결되어 있는 구성입니다.

물론 물을 사용하는 주변이 아래위로 빈틈없이 겹쳐져 있는 것이나, 화장실이나 주방도 막다르게 되어 있지 않아 빠져나가면서 다시 한 번 이쪽으로 되돌아올 수 있는 〈연속적인 구조〉로 되어 있는 교묘한 배치도 빠짐없이 꼭 보아주길 바랍니다.

구성이 확실하게 되어 있는 집, 평면도에 작은 잔꾀가 없는 집을 보면 일반적으로 기분이 좋아지는데, 이 집은 그 이면에 동요되지 않는 신념 혹은 확고한 의지 같은 것으로 단단히 못 박혀 있는 것처럼 느껴졌습니다.

외관에 관한 설명 부분에서는 말하지 않았지만, 이 집의 평면 구성은 입면의 구성에도 그대로 반영되어 있다는 것을 사진에서 꼭 확인하시기 바랍니다.

WIND + EYE

이제 접근로에서 마주치는 오목한 곳에 조심스럽게 자리 잡고 있는 현관 포치에서 내부로 들어가 보겠습니다. 치장벽토를 칠한 외벽은 회색을 띤 흰색이고, 회반죽을 바른 내벽도 흰색입니다. 마루로 처리된 바닥, 계단실을 구획하는 판벽, 벽 한쪽에 설치된 책장 등은 갈색이므로, 이 집은 흰색과 갈색의 투톤으로 완성되고 있습니다.

거실은 2층 정도의 높이를 가진 개방된 공간입니다. 풍부한 숲의 녹음으로 향하는 동남면의 중심부에 세로 길이의 커다랗게 고정된 유리벽이 있고, 그 양측에 같은 세로 길이의 목재 칸막이가 설치되어 있습니다. 이 칸막이가 판자문이라는 것을 고려할 때 자연광을 다루는 것에는 천재적인 감성을 발휘한 칸의 집착을 엿볼 수 있습니다.

칸은 조망을 얻기 위한 창과, 통풍과 환기를 위한 창을 완전히 역할 분담시키고 있습니다. 〈window〉라는 단어의 어원이 〈Wind+Eye〉라고 하는 학설을 굳이 언급하지 않아도 될 것입니다. 루이스 칸의 창은 바로 이런 것입니다.

이 집에서는 평면이나 개구부 이외에도 칸 나름대로의 디자인 개념들이 느껴집니다. 예를 들면 거실의 벽 한쪽을 차지하고 있는 책장(에시에

난로와 그 위의 고정창. 외벽에서 조금 떨어진 곳에 세워진 굴뚝의 모습은 이 창문을 통해 들어오는 해시계의 바늘이 되어 거실의 바닥에 조용히 드리우고 있습니다.

공원의 나무들을 조망하기 위한 커다란 유리 고정창이 있고 그 양측에는 통풍을 위한 목재 칸막이가 있네요. 〈Window〉의 어원은 〈Wind+Eye〉라고 하는 것을 들은 적이 있습니다.

2층 다리에서 거실의 북서 벽면에 설치된 목재 책장을 내려다봅니다. 사진에서는 중앙 부분의 유리문이 닫혀 있으나 이곳을 열면 〈T자형의 빛〉이 출현합니다.

순수 원목 판재와 견고한 목재 들보로 만든 계단의 칸막이벽과 다리의 난간. 이 들보가 패나 고집이 센지 갈라지고 뒤틀려서 연결다리는 마치 아치 모양으로 휘어져 있었습니다.

계단실과 그것을 구획하는 얇은 벽. 이 곳엔 칸의 장인다운 본능이 여지없이 발휘되고 있습니다. 이러한 부분에 민감하게 반응하고 있는 것은 저에게도 장인의 피가 흐르고 있기 때문일까요?

릭은 대단히 책을 좋아하는 사람이었던 것 같습니다.)이나 그 책장에 걸쳐 있는 이동식 사다리의 디자인에서는 가구디자이너라는 칸의 또 다른 얼굴을 볼 수 있습니다. 또한 계단과 그곳을 칸막이로 막은 판벽 주변의 두꺼운 순수한 원목 판재와 견고한 목재 들보로 만든 2층 다리 난간과 같은, 마치 조각과도 같은 이러한 실내 구조를 정면으로 마주하면 칸의 기골에 넘치는 역량에 압도되어 그저 멍하니 계속 서 있게 될 뿐입니다.

칸이라는 건축가는 소재가 가지고 있는 가장 좋은 자질을 끌어내어 그 매력을 최대한 살려내고 이를 능숙하게 사용하는 달인이었는데, 특히 목재를 취급하는 데 있어 보여주는 장인적인 정교함은 새삼 눈여겨봐야 한다는 생각마저 들었습니다.

또한 계단의 난간은 무심코 손대고 싶을 정도로 훌륭하다는 것을 피력해 두지 않으면 안 될 것 같습니다. 그러나 이것을 말로 표현하기에

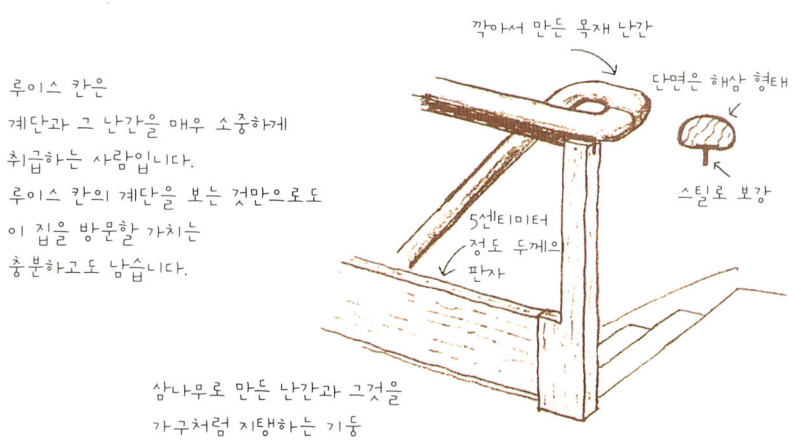

2층 다리와 계단을 내려다봅니다. 이 부분은 본문에서 그다지 중요하게 다루지 않았으나 독자 여러분들도 저와 같은 기분을 느낄 수 있을 것입니다. 자세히 살펴보기 바랍니다.

는 부족한 면이 있네요.

　해삼과 같은 모양으로 다듬어진, 손으로 느껴지는 감촉이 좋아 쥐기에 편한 난간은 계단을 끝까지 올라간 곳에서 한 번 돌아 U턴 하면 이번에는 다리의 난간으로 변해버립니다. 오크 나무와 스틸의 조합으로 만든 대범하고, 치밀하고, 남성적이며, 우아한 촉감을 가진 공예품 같은 난간을 황홀하게 쓰다듬으면서, 잠시 동안 저는 다음 행동을 잊어버리고 멍하니 서 있었습니다.

　루이스 칸 작품의 진정한 매력을 맛보고 이해하려 한다면 마음을 비우고 온몸을 시각과 촉각에 집중시켜 건축 공간이, 그리고 미세한 부분이 이야기하는 침묵의 소리에 귀를 기울여서 작품 그 자체를 마주보는 것이 진정 중요함을 바로 이러한 체험이 가르쳐준다고 할 수 있습니다.

　애정 어린 정성을 깃들여 완성시킨 디테일은 대상 자체를 〈칸의 취향〉으로 변질시킵니다. 이를 루이스 칸만이 체득한 〈건축의 연금술〉이라 부르면 어떨까요?

　역설적이기는 하지만, 칸이 이룩한 건축의 본질은 칸의 철학적인 말로 인해 얼마나 파악하기 어려워졌는지 새삼 깨닫게 되었습니다.

〈T자〉 찾기

난간 이야기를 너무 깊이 한 것 같군요. 이제 약간 어깨의 힘을 빼보기로 하지요.

칸의 건축 공간에 몸을 두고 있으면 동일한 조형적인 요소가 반복해서 쓰이고 있다는 것을 알게 되는 경우가 있습니다. 예를 들면, 음악에서 아주 낮은 저음 속에서 되풀이해서 들리다가 없어지는 멜로디 같은 요소 말이죠.

작품에 따라서는 그 요소가 잘 보이지 않기 때문에 멍하니 있는 도중에 알아채지 못한 채 지나치게 되어버리지만, 마치 멜로디가 귓전에 계속 울리는 것과도 같이 어느 사이에 눈 깊숙한 곳에 아로새겨져 작품의 시각적인 인상 또는 잔상으로 마음에 남기도 합니다.

「에시에릭 하우스」에서 그 모티브는 〈T자형〉이었습니다.

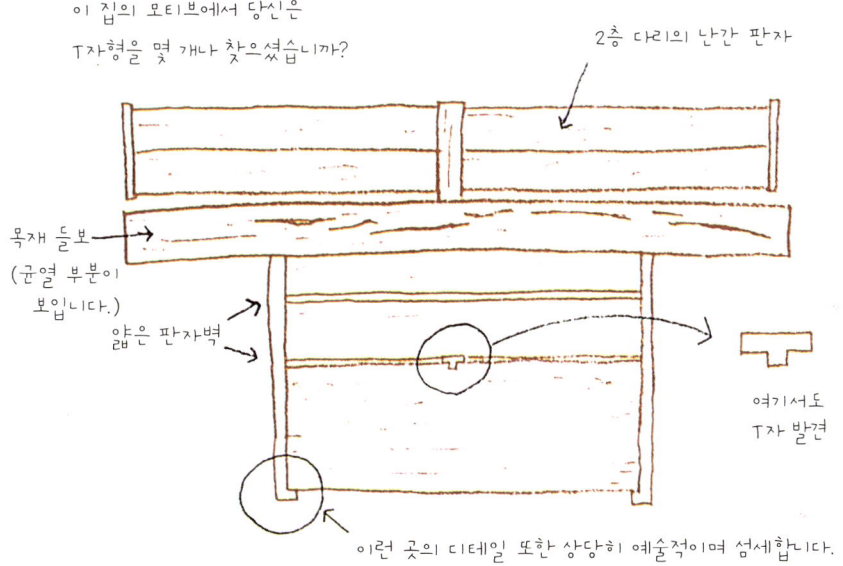

먼저 그것은 이 집의 외관을 강렬하게 인상 짓고 있는 거실의 개구부에 독특한 형태로 나타나 방문하는 사람에게 강하게 어필합니다. 또 식당의 입구에서는 몇 겹이고 T자형이 보였다 안 보였다 하는 것을 알 수 있을 것입니다. 그리고 2층에 두 군데 있는 포치의 스틸로 된 좁고 긴 난간 역시 완전한 T자형입니다.

실내에서는 무엇보다도 거실의 책장 사이에 끼어 있는 좁고 긴 개구부와 그 위쪽에 여닫이가 안 되게 고정된 유리면이 만들어내는 〈빛의 T자형〉이 압권인데, 우연히도 그 옆에 있는 책장과 이동식 사다리를 어느 곳으로 움직여도 그것 또한 T자형이 되도록 되어 있습니다.

칸의 어록에는 "좋은 질문은 최상의 대답에 의해 돋보인다."라는 말이 있는데, 그러면 여기서 제가 독자 여러분께 한 가지 질문을 하겠습니다.

"「에시에릭 하우스」의 사진에서 당신은 몇 개의 T자를 찾아낼 수 있었나요?"

대체적으로 칸답지 않은 유기적인 조형의 부엌 싱크대와 선반류. 모두 조각가인 숙부 와튼 에시에릭의 작품입니다. 칸은 이렇게 지나친 조형을 별로 좋아하지 않았다고 합니다.

공들여 만든 창문 이외에는 특별한 것이 없는 매우 평범한 식당입니다. 이 간소한 실내가 차분하게 안정되어 있어 거주성이 매우 좋아 보입니다.

현관홀에서 세탁실을 통과하여 부엌으로 통하는 동선. 복잡한 동선 계획을 이처럼 자연스럽게 실현하다니 정말 훌륭하네요. 설계를 해보면 좀처럼 하기 힘든 부분 중 하나입니다.

마리오 보타 · 리고르네토의 집
스위스 / 리고르네토 / 1976년

마리오 보타 Mario Botta, 1943-

1943년 스위스의 티치노 지방 멘드리시오에서 태어났다. 15세가 되던 해에 학교를 그만두고 18세가 되던 해까지 후일 그의 건축 작업 대부분의 대상지가 되는 루가노에 있는 건축회사에서 제도사로 일했다. 이후 건축 수업을 받기 위해 밀라노의 예술학교를 1961년부터 4년간 다니게 된다. 르 코르뷔지에, 루이스 칸, 카를로 스카르파와 같은 현대건축 거장들의 문하에서 건축을 배웠다. 1970년 스위스 루가노에 건축사무소를 설립, 그 후 연이어 세계가 주목할 만한 화제의 작품을 발표하면서 스위스를 대표하는 건축가가 된다. 콘크리트 블록을 사용한 주택은 안도 타다오의 작품과 일맥상통하는 부분이 있다.

대표 작품으로는 「리버 산 비타레의 비안키 저택」(1973), 「리고르네토의 집」(1976), 「카사 로톤다 스타비오 주택」(1981), 「프리부르 주립은행」(1982), 「샌프란시스코 미술관」(1995) 등이 있다.

✽ 마리오 보타는 한국에서도 작업을 했는데, 리움 미술관의 「고미술관」과 「강남교보타워」를 설계했다.

Mario Botta
House at Ligornetto

둥근 안경

르 코르뷔지에가 여름별장으로 사용했던 그의 작은 휴가용 집은 코트다쥐르의 동쪽 끝 카프 마르탱이라는 작은 산허리에 자리하고 있습니다. 이 작은 집에 대해 약간 조사하고 싶은 부분이 있어 남부 스위스의 리고르네토를 방문하기에 앞서 그곳을 먼저 들렀습니다.

간단하게 이렇게 기술한 것은 제가 이 작은 집을 방문한 것이 벌써 네 번째로, 말하자면 제 나름대로 잘 알고 있는 장소이기 때문입니다. 관리하고 있는 마을사무소 여성이 열쇠로 문을 열어주어서 내부 사진을 찍고 몇 군데에서 간단한 실측을 한 후에 그 집의 바로 아래에 있는 가베 해안으로 내려가 한참 동안 맑은 겨울 하늘 밑으로 펼쳐지는 새파란 지중해를 바라보고 있었습니다.

1965년 8월, 해수욕을 이상할 정도로 좋아했던 건축가 르 코르뷔지에는 이 해안에서 수영을 하던 도중 갑자기 심장발작을 일으켜 사망했습니다. 저는 그런 사건들을 떠올리기도 하면서 마음을 내려놓고 멍하니 있었습니다.

그런 도중에 문득, "르 코르뷔지에는 마지막으로 수영을 할 때도 그의 트레이드 마크였던 굵고 둥근 안경을 쓰고 있었을까?" 하는 작은 의문을 머리에 떠올리면서, 둥근 안경을 착용했던 동서고금의 건축가들의 얼굴이 마치 졸업앨범이라도 넘기듯이 차례로 눈앞에 선하게 떠올랐습니다. 건축가 중에 둥근 안경 애용자가 많다는 사실을 알고 있는 사람은 저뿐만이 아니겠지요. 르 코르뷔지에를 필두로 필립 존슨도 둥근 안경을 즐겨 썼고, I. M. 페이나 폴 루돌프도 둥근 안경을 자주 썼습니다. 일본에서도 우치다 요시치카와 시라이 세이치가 둥근 안경의 애용자였습니다. 이러한 사실을 아는 사람은 많을 것입니다.

르 코르뷔지에의 둥근 안경

마리오 보타의 둥근 안경

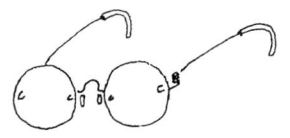
최근 저자를 유혹한 둥근 안경

그런 건축가 이름 뒤에 제 이름을 올리는 것은 왠지 쑥스럽지만, 어쩔 수 없이 돋보기가 필요한 몸이 된 저도 사실 최근에 둥근 안경의 유혹을 물리칠 수가 없었습니다.

그리고 「리고르네토의 집」 설계자인 마리오 보타도 정말 변하지 않을 정도로 둥근 안경을 쓰는, 더도 덜도 아닌 〈둥근 안경의 건축가〉라는 것을 여기에서 말하지 않으면 안 될 것 같습니다.

즉, 이번 순례는 원조 〈둥근 안경의 건축가〉 르 코르뷔지에의 여름 별장을 견학한 후, 그의 아틀리에에서 작업했던 경력이 있는 스위스의 인기 있는 〈둥근 안경의 건축가〉 마리오 보타의 작품을, 일본에서 온 신참 〈둥근 안경의 건축가〉인 제가 방문하게 된 것입니다.

우여곡절

마리오 보타의 초기 걸작 「리고르네토의 집」을 직접 가보고 싶다는 생각을 갖게 된 것은 제가 그 집을 일본 건축 잡지에서 처음 본 20년 전입니다.

그러나 실제로 특정 집에 누군가 현재 살고 있다면 보지도 알지도 못하는 이방인이 방문해서 견학하고자 할 때 그에 걸맞은 이유가 없으면 그건 거의 불가능한 일입니다. 그래서 저는 그에 상응하는 걸맞은 이유와 대의명분을 생각하게 되었습니다. 즉, 〈주택의 명작을 방문하여 보고서를 쓰는 여행)이라는 잡지사와 연관된 기획이었습니다. 이 정도라면 현재 그곳에 누군가 살고 있더라도 미리 취재 승인을 받아놓으면 방문해서 사진도 찍고, 때로는 실측을 하는 것도 가능할 것이라 생각한 것입니다.

이제까지 저는 현재 살고 있는 사람은 없는 역사적인 주택으로 일반인에게도 공개하고 있는 르 코르뷔지에의 「어머니의 집」이나 「슈뢰더 하우스」 등의 주택의 명작을 견학해 왔는데, 이번에 「리고르네토의 집」 취재를 통해 처음으로 제 염원이었던 현재 사람이 실제로 그곳에서 생활하고 있는 집을 견학하는 것이 실현되게 되었습니다.

하지만 이렇게 간략히 얘기하고 있지만, 현재 사람이 살고 있는 집을 취재하기까지의 과정은 결코 순탄치는 않았습니다. 우연찮게도 남부 스위스에 제 친구이자 마리오 보타와도 친분이 있는 아오이 후버가 있었기 때문에 우여곡절 끝에 성사될 수 있었습니다. 그녀를 통해 마리오 보타와 보타 부인의 도움을 받아서 한 달 전부터 취재 허락을 받아놓은 후에 현지로 향했습니다.

그런데 약속 당일 아침, 아오이에게 그저 확인할 요량으로 마리오 보타에게 전화를 걸어보게 했는데, "일단 저의 사무실로 와주실 수 없을까요?"라는 대답이 돌아왔습니다.

"사진이라면 전문 사진작가가 촬영한 사진이 많이 있으니 그것을 사용하셔도 좋고, 제가 스케치한 것도 제공해 드릴 테니……."라고 말하는데, 친절한 것 같기도 하고 냉담한 것 같기도 한 어투에서 결국에는 온화하게 취재를 거절하고 싶어 하는 기색이 느껴졌습니다.

아오이와 저는 당황해서 직접 마리오 보타의 사무실로 급히 달려 갔는데, 월요일인 점도 가미되어서인지 작고 거동이 날쌘 미국산 너구리 같이 눈코 뜰 새 없이 바쁜 건축가(아! 역시 둥근 안경입니다.)는 사무소 직원과 고객과의 회의를 주도하고 있는 상황이었습니다. 처음 대면해서 인사를 나눈 다음 사라지고, 이쪽에서 준비한 작은 선물을 받고는 또 다시 사라지고, 여비서와 함께 사진이나 자료뭉치를 갖다 주고는 또 다시 사라지는 그런 상황이었습니다. 저를 안내해 준 아오이가 또 자리를 비우려 하는 마리오 보타의 팔을 붙잡아 멈추게 한 다음,「리고르네토의 집」에 살고 있는 비안키 부인에게 전화를 걸어 달라고 부탁했습니다.

그러나 가는 날이 장날인 것처럼, 공교롭게도 집주인이 심한 감기에 걸려 회사를 쉬고 몸져누워 있다는 것입니다.

마리오 보타가 어깨를 들썩거리며, "음, 그렇다면 쓸데없는 발걸음일지도 모르겠군요."라며 전화를 걸면서 몸짓신호를 보내왔습니다. 그러나 우리도 필사적이었습니다. "그곳을, 어떻게 해서든지, 한 번 더 부탁을……." 하며 눈에 힘을 주며 대응했습니다. 결국 그 눈빛으로 한 대응이 효과를 발휘해서인지 제 의지대로 승리를 이끌어낼 수 있었습니다. 비안키 부인이 짧은 시간 동안만 가능하다는 것과, 환자가 있는 침실은 제외해 달라는 조건부 승낙으로 방문을 허락해 주었습니다.

사실 이렇게 허락을 받기까지 제 마음은 긴장과 초조로 몸 둘 바를 몰랐습니다.

촌락과의 융화

「리고르네토의 집」을 발표했을 당시의 잡지를 보면, 대지 주변은 넓디 넓은 밭으로 그 집은 그 안에 〈나 홀로〉라는 느낌으로 서 있었습니다. 마리오 보타는 주변의 풍경 속에 이 집을 상당히 조심스럽게 놓아두고 애정 넘치는 묘사로 훌륭한 스케치를 남기고 있는데(74쪽, 75쪽 참조), 예전부터 저는 그 스케치를 싫증도 느끼지 않고 넋을 잃은 채 보곤 했습니다. 직감적으로 "이 집 건축가는 건축 본연의 자세를 알고 있구나."라는 느낌을 받았습니다. 아니면, "이 사람이 풍경을 보는 눈에는 자비로운 사랑이 있구나."라는 느낌을 받았는지도 모르겠습니다. 화풍은 다르지만, 생활이 녹아든 풍경에 보내는 애정 넘치는 눈길은 어딘가 곤와지로가 그린 민가 스케치나 고흐가 그린 풍경 소묘와도 일맥상통하는 부분이 있다는 느낌이 들었습니다. 건축가가 그런 시각을 갖추고 있다는 사실은 대단히 중요하다고 생각합니다.

이 집이 완성된 지 약 20년이 지난 지금(2000년 현재)은 주변 풍경이 약간은 변해 있었습니다. 일반적인 도시의 확장으로 건물들이 빼곡하게 들어선 것은 아니지만 주변에 조금씩 집들이 들어서기 시작해 "넓은 밭 한가운데 고립되어 있는 듯한……."이라는 인상은 엷어졌습니다. 그 대신 리고르네토라는 촌락에 더 잘 융화되었다고 보는 것이 옳을지도 모르겠네요. 특색 있는 붉은 갈색과 회색의 굵은 띠 모양에 성냥 박스와 같은 빈틈없는 기하 형태가 눈에 띄지 않는 것은 아니지만, 이상하게도 위화감은 느낄 수가 없었고 주변의 집들이나 그것을 둘러

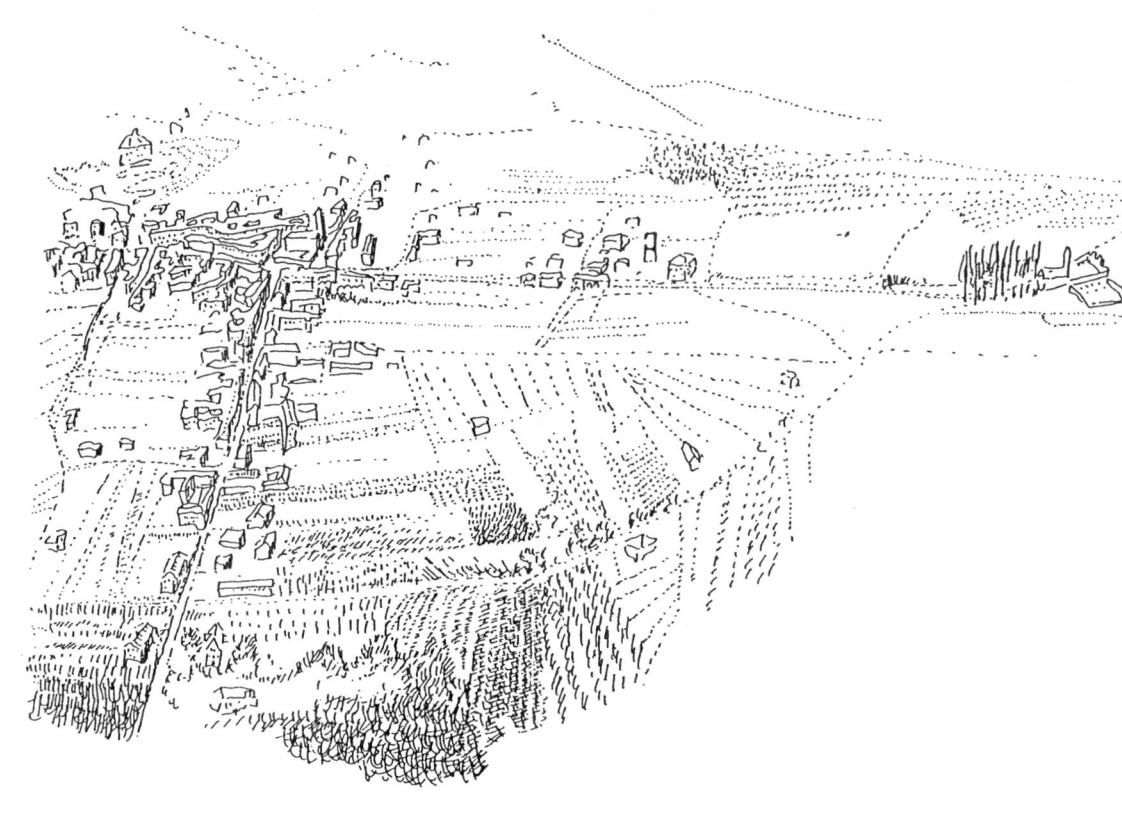

마리오 보타가 직접 그린 리고르네토 촌락 스케치

싼 풍경에도 익숙해져 있었습니다.

마리오 보타는 설계에 몰입할 때 〈장소성〉이라는 것을 상당히 면밀하게 생각하는 건축가라고 전해지고 있습니다. 장소성이라는 단어 속

마리오 보타가 직접 그린 「리고르네토의 집」 스케치

에는 풍경뿐만이 아니라 문화적 배경이나 역사적 배경도 함축되어 있다는 것은 말할 필요도 없을 것입니다.

예를 들면, 이 집에 장식적인 인상을 주고 있는 외벽 콘크리트 블록

「리고르네토의 집」 남측 외관. 크게 개방된 상자에 개구부가 매우 세련되게 뚫려 있음을 알 수 있습니다. 가로줄눈을 사이에 두고 위아래로 어긋나게 배치된 테라스가 정면에 회화적인 표정을 주고 있습니다.

조각적이어서 일반 집이라고는 생각이 안 드는 매력적인 상자. 콘크리트 블록이라는 간소한 소재에 대해 마리오 보타는 "재료에 귀천은 없기 때문에, 그것을 활용하는 것도 죽이는 것도 건축가의 역량"이라고 말하고 있습니다.

리고르네토의 풍경과 아주 잘 조화되는 줄무늬 모양의 간소한 상자와 같은 집(오른쪽 뒤편). 왼쪽에 보이는 것은 마을 교회입니다. 교회 지붕과 정면의 창문 테두리가 붉은 갈색으로 되어 있고 나머지 부분은 회색의 석회로 되어 있는 것이 보이시나요? 여기가 티치노 지방인 게 확실하지요?

의 붉은 갈색과 회색의 굵은 띠 모양도 실은 보타의 창안은 아니고 이 티치노 지방의 농가에서 예로부터 유행했던 전통적인 수법이었다는 것입니다. 석회에 돼지의 피를 섞어서 붉은 갈색으로 만든 것과, 석회만의 회색으로 가로줄눈 모양의 외벽을 만드는 티치노 지방의 전통적인 수법을 답습해서 소재를 콘크리트 블록으로 옮겨놓고 그 띠 모양을 부활시키는 것을 목표로 했다고 보타는 설명하고 있습니다. 티치노 지

77 리고르네토의 집

시원하게 3층까지 뻗어 올라가는 가로줄눈 모양의 외벽과 북쪽의 틈새. 그러나 이 틈새는 건물을 완전히 분리하지는 않고 콘크리트 지붕으로 서로 연결하고 있습니다.

줄무늬 모양으로 쌓은 블록. 블록 3단마다 줄무늬를 강조하기 위해 줄눈을 깊게 팠습니다. 규칙적으로 뚫린 정사각형의 작은 창문은 주차장에 빛을 제공합니다.

외벽을 올려다보세요. 부엌의 둥근 창, 침실 전용의 테라스 난간 정면, 빗물통의 형태와 크기 등이 엄밀하게 계획되어 블록의 줄눈과 아름답게 어우러집니다.

방의 농가에서는 〈사람이 살기 위한 집〉을 이러한 붉은 갈색의 줄무늬 모양으로 장식해 석회만으로 된 회색의 가축우리와 확실히 구별하는 습관이 있었다고 합니다.

즉, 그곳의 풍경 그 자체에는 띠 모양을 매우 자연스럽게 받아들이는 성질이 있었다는 뜻입니다. 그러니 〈어울리게 융화되어 있다〉는 것은 극히 당연한 결과였겠지요.

접근로의 걸작

집 내부로 들어가기 전에 먼저 이 집의 〈접근로〉에 대해 말씀 드리지 않으면 안 될 것 같습니다. 독자 여러분께서 이 훌륭한 접근로를 반드시 마음에 담아 놓기를 바라는 마음에서입니다. 이 집의 부지는 공공 도로에 면해 있지 않아서 좁은 골목길을 통해 오고가야 합니다. 10센티미터 정도로 네모나게 잘려진 작고 납작한 돌로 포장된 긴 사유도로를 따라 부지에 접근하면 도로에 면하고 있는 또 다른 집이 끝나는 지점의 오른쪽에서부터 그 특징적인 띠 모양의 상자 같은 집이 눈에 확 들어옵니다. 멀리에서부터 아물아물하게 보였다 안 보였다 하는 그 집이, 일단 완전히 시계에서 사라졌다가 이번에는 갑자기 아주 가까이에서 그 전모를 드러내고 있습니다. 그런 갑작스런 출현에 엉겁결에 "엇!" 하고 소리치지 않을 수가 없었습니다.

더욱이 얼마 더 발걸음을 옮기면 그 도로는 작게 갈라진 길로 됩니다. 보행자는 잔디 사이를 파헤친 듯이 나 있는 그 좁은 길을 오른쪽으로 경사지게 접근하면서 집을 비스듬하게 눈에 담으면서 현관에 도착하는데, 생각해 보면 정말 얄미운 연출입니다.

갈라진 길로 빠지지 않고 그대로 직진하면 주차장이 나오는데, 자동차를 주차장에 집어넣고 나서는 자동차 옆을 빠져나와 (비 오는 날에도 젖지 않으면서) 현관까지 갈 수 있게 되어 있습니다.

고대 그리스의 건축 원리에는 "건물에는 정면으로부터 접근하지 말고 비스듬히 접근하라."는 항목이 있었던 모양입니다. 파르테논이나 에

접근로의 역사에 남은 걸작. 보행자용으로 과하거나 부족하지 않은 너비, 보기에도 좋고 걷기에도 좋은 포장도로의 감촉, 가까이서나 멀리서나 현관까지 적당해 보이는 거리 등 모든 것이 좋아 보입니다.

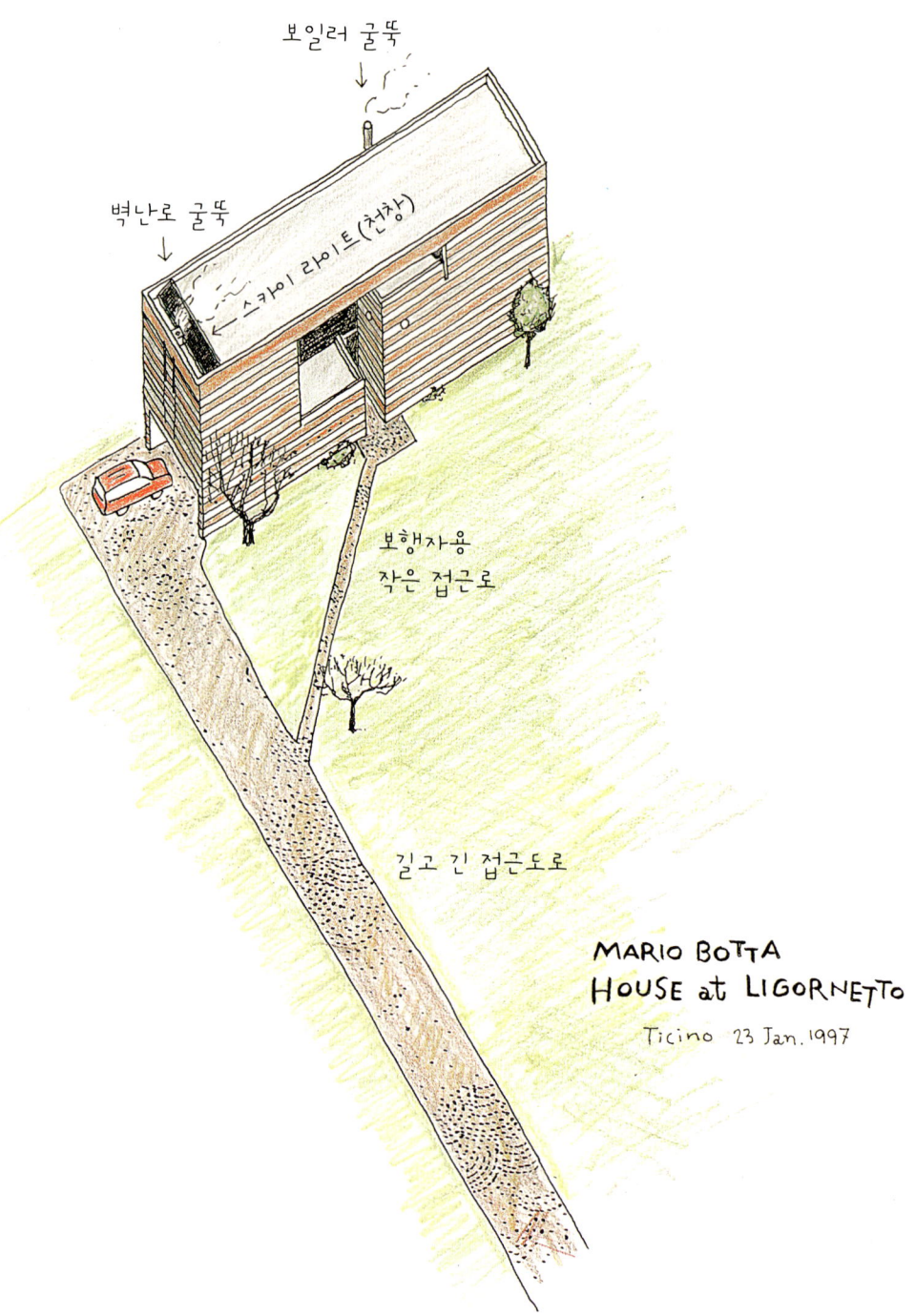

렉테이온 신전도 접근이 모두 이런 원칙을 지키고 있다고 하네요.

정면으로 돌진하는 인상을 주는 접근로는 건물이 평평하게 보일 수 있으므로, 입체적인 전망의 매력을 맛볼 수 있고 친근한 느낌을 받을 수 있도록 비스듬하게 다가가는 접근로를 권한 것은 역시 훌륭한 선택입니다.

비스듬히 기울어진 접근로에 대해 좀 더 말하자면, 잠깐의 생각만으로도 떠오르는 것은 필립 존슨의 「글라스 하우스」, 요시무라의 「가루이자와 산장」과 같은 주택을 비롯해 한국의 「종묘」 등 역사적인 건축물에서도 다수의 사례를 찾아볼 수 있습니다. 그 중에서도 「리고르네토의 집」의 접근로는 매우 뛰어난 성공 사례라고 할 수 있습니다.

테라스에서 접근로를 내려다봅니다. 접근로를 걸어오는 방문자를 여기서 손을 흔들면서 마중하면 좋을 듯하며, 방문자가 가까이 보이면 내려가서 맞이하는 것도 좋을 듯합니다.

아름다운 실용품

외관과 접근로에 대한 설명이 길어졌네요. 이제 집 내부로 들어가 볼 텐데, 그 전에 꼭 이 집의 평면도를 꼼꼼히 살펴봐 주기를 바랍니다.

「리고르네토의 집」이 제 마음속에 오랫동안 남아 있었던 최대의 이유가 실제로는 〈절묘한 평면계획〉에 있습니다. 이 집은 결코 규모가 큰 집이 아닌, 극히 일반적인 규모의 집입니다. 즉 제가 항상 설계하고 있는 표준적인 일반 주택의 크기와 차이는 없지만, 이 집의 평면도를 보게 되면 "주택의 평면도가 이토록 우아하고 깔끔할 수가 있구나!" 하며 새삼스레 놀라게 됩니다. 더구나 그 수법이 신선하고 분위기가 자연스럽다는 점이 무엇보다도 멋있습니다.

　살짝 거리를 두고 배치된 같은 크기의 정사각형 건물 두 개가 1층에서는 틈새를 형성하고, 2층과 3층에서는 그 틈새를 기점으로 주택 내부의 공동 영역과 개인 영역을 명확히 분리합니다. 연결 다리는 그 두 건물을 교묘하게 연결하구요. 화장실이나 주방과 같이 물을 사용하는 장소는 위층과 아래층에서 원칙대로 정확하게 위치가 겹쳐지는 한편, 1층의 테라스 위치는 2층에서는 공동 식당이 되고 3층에서는 개인 침실이 되어 어긋나게 배치됩니다. 침실의 베갯머리 쪽에 있는 벽은 천장까지 이어지지 않고 도중에 끊어져 있어 마치 칸막이처럼 뒤편의 드레스룸을 분리해 주는 역할을 하고 있습니다. 완성된 다음에 보면 전부 당연하게 생각되겠지만 설계하는 입장에서 보면 정말로 훌륭한 솜씨라고 감탄하지 않을 수 없습니다.

　마리오 보타에 따르면 1층에는 현관이나 창고를, 2층에는 낮 시간대에 주로 이용하는 거실이나 식당 겸 부엌을, 3층에는 밤 시간대에 주로 이용하는 침실에 해당되는 방을 배치하는 방법은 이곳 티치노 지방이나 론 바르디아 지방의 원칙으로, 그는 그저 이 원칙에 따르고 있을 뿐

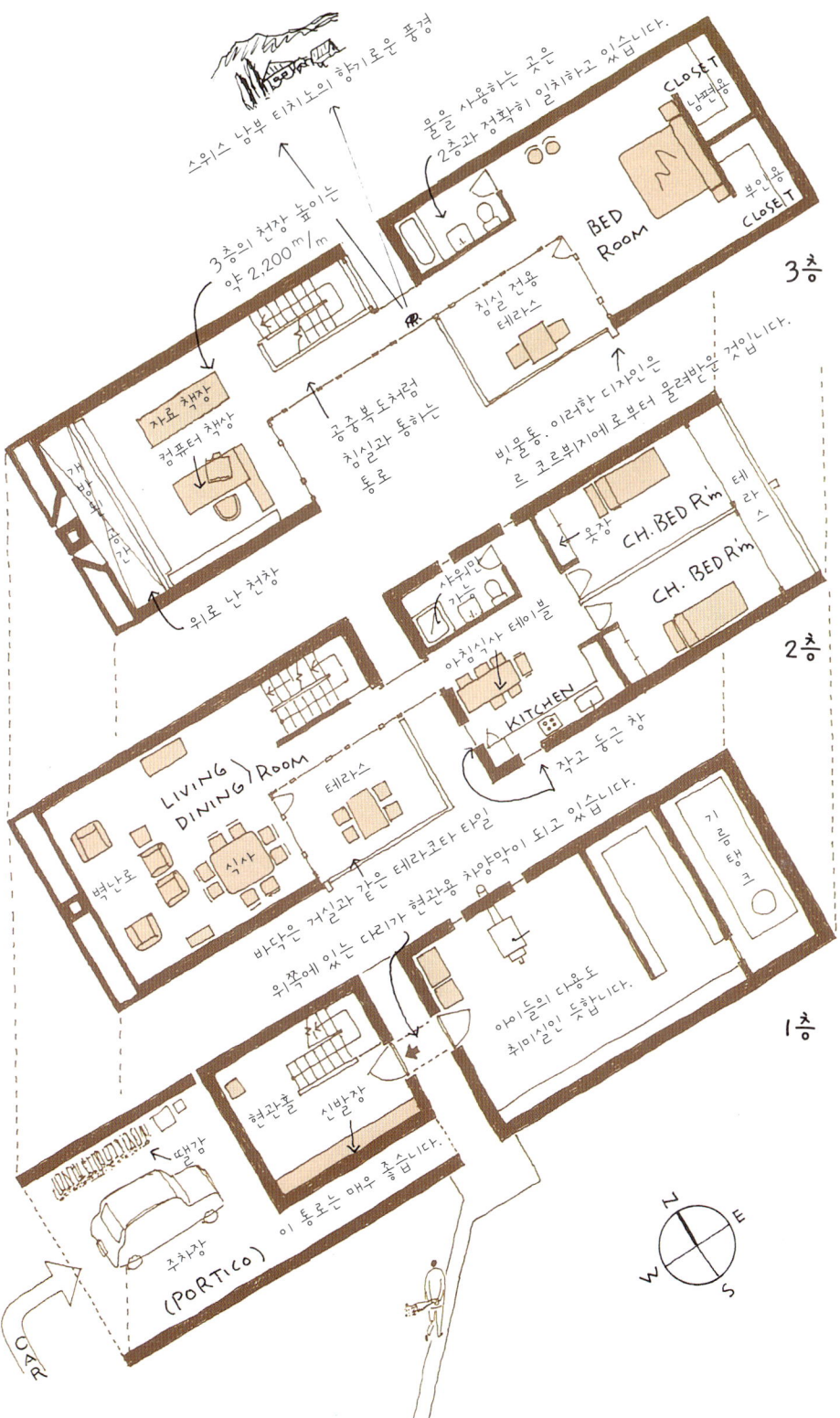

두 건물 사이에 있는 틈새에서 주차장 쪽을 봅니다. 일견 아무렇지도 않은 듯 작은 어둠을 만들어내는 통로와 빛의 그러데이션을 보이고 있는 바닥의 돌 등, 어딘가 오래된 민가를 방불케 하는 이 공간은 참으로 인상적입니다.

두 건물의 틈새에 있는 현관으로 향하는 통로. 오른쪽의 흰색 문은 보일러실과 창고의 입구이며, 그 반대쪽에 현관문이 있습니다. 왼쪽 밑의 개구부는 주차장으로 향하는 통로입니다.

이라고 설명하고 있습니다. 또 그는 테라스나 주차장도 전통적인 스위스 민가의 방식을 차용하고 있는 것에 지나지 않기 때문에 결국에는 극히 평범한 방식이라고 말하고 있습니다. 보타 자신이 살고 있는 집도 1700년대에 지어진 민가라고 하는 걸 봐서는, 〈전통〉이라는 것이 정말로 그의 몸에 배어 있는 듯합니다.

보타는 어떤 인터뷰에서는 더욱 얄밉게 이렇게 이야기하고 있습니다.

"나로 말하자면……, 오히려 실용성을 추구하는 건축가라고 생각합니다."

그렇다고 한다면, 이 집은 무엇보다도 〈아름다운 실용품〉이겠지요!

과감하게 폐쇄하고, 섬세하게 개방한

이제 안으로 들어가 볼까요. 먼저, 두 건물의 틈새를 통해 넉넉한 현관 홀로 들어갑니다. 문을 통해 들어가니 왼쪽 벽 한쪽에는 어깨 정도까지의 높이로 된 신발장이 있습니다. 신발장 뒤쪽 벽에는 신발장 위에서 천장에 이르는 약 20센티미터의 높이에 채광이 가능한 고정 유리창이 끼워져 있습니다. 계단을 올라가면 이 집의 중심에 해당하는 거실과 식당이 나오는데, 밖에 비가 와서 으스스하게 추운 날이었기 때문에 비안키 부인은 커다란 벽난로에 장작을 지피고 있었습니다. 그 큰 벽난로가 설치되어 있는 2층 높이 정도의 흰 벽을 타고 상부의 천장으로부터 포근한 자연광이 비춰지고 있었습니다. 너무 넓지도 좁지도 않은 적당한 넓이의 거실과 식당을 안락하게 만드는 요소가 바로 석회로 바른 흰 벽이라는 사실을 금세 이해할 수 있었습니다. 난로 반대편에는 네다섯 명 정도가 충분히 식사를 할 수 있는 넓이를 가진 테라스와 부엌 겸 작은 식당과 아이들의 방으로 연결되는 다리가 있는데 그곳에만 커다란 유리를 달아놓았습니다.

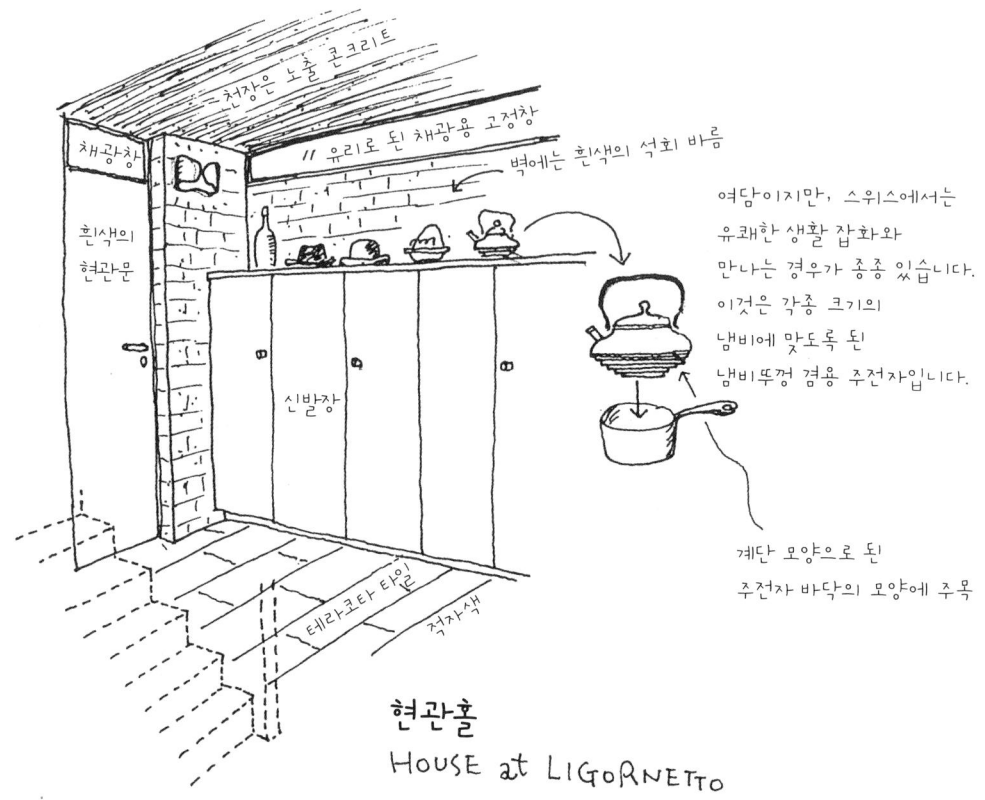

마리오 보타는 "집이란 몸을 지키기 위해 폐쇄된 피난처를 만드는 것입니다."라고 말하고 있지만, 이 집의 주제는 〈과감하게 폐쇄하고, 섬세하게 개방하는 것〉인 듯 느껴집니다. 밖에서 보면 이 집의 개방성은 너무 조심스레 한 것처럼 보입니다. 즉 너무 폐쇄를 많이 한 것처럼 느껴졌습니다. 개구부는 직접 외부에 면하는 일이 없고 항상 테라스를 끼고 채광하는 방식을 택하고 있기 때문에 내부는 상당히 어둡지 않을까

거실의 개방된 공간을 올려다 봅니다. 천장에서 들어오는 자연광은 하얗게 칠해진 커다란 벽면을 넘쳐 흘러내린 듯이 비추고 있습니다. 외부에서는 기다랗게 보이는 창문이 내부에서는 성벽의 총구멍같이 〈八〉자 모양으로 벌려져 있습니다.

실제로 사람이 거주하고 있는 「리고르네토의 집」 내부. 커다란 벽난로 앞에서 두 명의 여성이 담소를 나누고 있는 것만으로도 영화의 한 장면처럼 보이는 것은 역시 이 공간이 특별한 분위기를 갖고 있기 때문일 겁니다.

오른쪽에는 계단실, 건너편에는 벽난로를 둘러싼 거실, 위쪽에는 서재가 있습니다. 실내에 다양한 빛과 그림자가 공존하고 있어 본래에는 검소하다고 볼 수 있는 공간에 호사스러운 인상을 주고 있습니다.

하고 염려되었던 것입니다. 하지만 실제로는 마루부터 노출 콘크리트 슬래브의 천장까지 높이 전체를 개구로 한 효과가 있어 걱정한 만큼의 어두움은 느끼지 못했습니다. 비구름이 낮게 깔린 어두운 겨울 오후에 이 정도의 밝기라면 좋은 날씨에는 충분한 밝기가 확보될 것 같았습니다. 이야기가 나온 김에 더 추가적으로 말하자면, 부엌 겸 작은 식당은 작은 둥근 창 두 개의 채광으로는 역시 모자란 듯하여 약간 어두운 인

약간 어두운 듯한 부엌 겸 작은 식당에서 통로를 사이에 두고 거실을 봅니다. 조용한 어둠이 이 지방에 있는 전통적인 민가의 냉기를 연상시킵니다.

상을 떨쳐버릴 수가 없었습니다.

　3층에는 서재와 주 침실이 있었습니다. 침실을 엿볼 수는 없었지만 서재와 거실 상부의 개방된 공간은 상세하게 볼 수 있었습니다. 3층은 2층보다 천장 높이가 낮게 만들어져 있어 조용하게 가라앉은, 서재에 딱 어울리는 분위기가 담겨져 있었습니다. 거실의 개방된 공간을 통해 벽난로의 흰 벽에 비춰지는, 천장에서 쏟아지는 자연광은 이 서재에도

3층 통로의 커다란 개구부. 규칙적으로 세워진 창문틀 사이에는 고정 유리와 개방 유리가 교차되게 설치되어 있습니다.

부엌의 둥근 창문에서 테라스를 사이에 두고 3층에 있는 서재를 봅니다. 주요 개구부는 직접 외부에 면하지 않고 테라스에 면해서 설치되고 있는 것이 이 집의 원칙입니다.

무척 중요한 요소임에는 틀림이 없었고, 그 개방된 공간은 시간의 흐름에 따라 변하는 흰 벽에 비춰지는 빛의 음영으로 인해 하루의 시간 경과를 알려주는 사치스러운 장치의 역할을 하고 있습니다.

거실의 개방된 공간(89쪽 참조)은 폭이 1미터 정도로 결코 크지는 않지만 높이 낸 창으로 들어오는 빛을 거실로 보낼 뿐 아니라 거실의 분위기를 서재에, 서재의 분위기를 거실에 전하는 〈분위기 이동장치〉로써의 기능도 발휘하고 있습니다. 타일로 된 마루, 벽돌 블록으로 된 벽, 콘크리트로 된 천장을 통해 소리도 예상보다 크게 울리기 때문입니다.

대지에 뿌리를 내린 집

"짧은 시간이라면……."이라는 전제하에 얻어낸 약속이었음에도 불구하고 내부를 돌아다니는 일에 열중하는 바람에 시간이 지나는 것을 완전히 잊고 있었습니다. 벽난로 앞에서 아오이와 이야기를 나누고 있던 비안키 부인과 눈이 마주치고 나서야 비로소 그녀의 눈이 "이 정도에서……."라고 말하고 있는 듯해 제가 너무 오랫동안 머물고 있다는 것을 알아차렸습니다. 차분하게 보았다는 만족감과 약간은 부족하다는 아쉬움을 동시에 느끼는 복잡한 마음을 남긴 채 이 집을 빠져나왔습니다.

돌아오는 길.

자동차가 티치노 마을을 빠져나오기 전에 마지막으로 뒤돌아보니 그 집은 안개비에 뿌옇게 싸인 풍경 속에 조용히 멈추어 있었습니다. "집은 대지에 뿌리를 내리는 것입니다.", "하나의 집을 설계한다는 것은 그 장소를 설계하는 것입니다."라는 마리오 보타의 말은 이렇게 약간 떨어진 곳에서 풍경의 일부로 그 집을 바라보니 한층 더 설득력을 갖는 것 같았습니다.

저는 차에서 내려 그의 말에 동조하는 마음을 간직한 채 사진 한 장을 더 찍었습니다.

95 리고르네토의 집

「여름의 집」1937

에릭 군나르 아스플룬드 · 여름의 집
스웨덴 / 스테나스 린소 반도 / 1937년

에릭 군나르 아스플룬드 Erik Gunnar Asplund, 1885-1940

스톡홀름 왕립공과대학을 졸업했으며, 20대 후반에 프리 건축가로서 다수의 설계 공모전에 응모하여 잇달아 수상했다. 특히 스톡홀름의 「숲의 화장터」를 위한 국제 설계 공모전에서 1등으로 당선되었는데, 「숲의 화장터」는 현상 공모에서 완성에 이르기까지 25년의 세월을 필요로 하는 작업이었다. 「숲의 화장터」가 완성된 해에 그는 심장발작으로 급사했는데, 이 작업은 문자 그대로 그의 전 생애의 작업이 되었다. 동시대의 르 코르뷔지에 등과 비교하면 극단적으로 작품이 적은 건축가로, 그의 생애에 완성된 작품은 크고 작은 것 모두를 합쳐도 20여 점에 불과하다. 이 책에서 다루고 있는 「여름의 집」은 그가 52세 때 만든 작품이다.

작품 목록을 보게 되면 그의 작업 중에 예배당, 납골당, 화장터, 묘지 등 죽음과 밀접한 관계에 있는 프로젝트가 상당히 많았다는 것을 알 수 있다.

「숲의 예배당」(1920), 「숲의 화장터」(1940), 「스톡홀름 시립도서관」(1928), 「스넬만 저택」(1918) 등의 건축 대표작 외에 불가사의한 매력으로 가득 찬 가구들도 많이 남겼다.

Erik Gunnar Asplund
Summer House

숲에서 길을 잃은 아이

6시 정각.
스톡홀름의 구시가지에 위치하고 있는 로드 넬슨 호텔의 선실 풍으로 장식된 분위기 좋은 방에서 깨어나 상쾌한 기분으로 샤워를 하고 있노라니 프런트에서 "금방 팩스가 들어왔는데 가져다 드릴까요, 아니면 가지러 오시겠습니까?" 하며 전화가 왔습니다. 이른 아침에 온 팩스였기에 일본에 있는 직원에게서 온 연락이라고 생각해 급히 몸단장을 하고 내려갔는데, 팩스는 일본에서 온 것이 아니라 어젯밤 늦게 호텔 바에서 헤어진 지 얼마 안 된 요나스 울만에게서 온 것이었습니다.

　요나스 울만은 이번 주택순례의 방문지인「여름의 집」설계자인 에릭 군나르 아스플룬드의 손자뻘 되는 사람입니다. 아스플룬드의 실제 집이기도 했던「여름의 집」을 어떻게 해서든 방문해 보고 싶다는 저의 간곡한 요청을 받아들여서,《콘포트 Confort》편집부의 해외 취재 사무국 직원이 총력을 기울여 스웨덴 건축가협회, 그 외에 팔방으로 수소문하여 찾은 사람이 바로 그였지요.

　울만과 저는 제가 일본을 출발하기 전에 팩스와 전화로 연락을 주고받았는데, 그 정중하고도 예의를 갖춘 자세와 세세한 부분까지 신경 쓰는 그의 주도면밀한 성격에 흥미가 끌렸습니다. 예를 들어, "몇 월, 며칠, 몇 시에 어디에서 출발하는 비행기로 도착할 것인지요?"라는 물음부터 시작해서, "아스플룬드의「여름의 집」견학 희망자는 정확하게 몇 사람이며, 견학은 몇 시부터 시작하고 대강 얼마 정도의 시간을 희망하고 계십니까?"라든지, "견학자 중 국제운전면허증을 가지고 있거나 외국에서 운전한 경험이 있는 사람은 있나요?"라든지, "스톡홀름에 알고 있는 호텔은 있습니까?" 등의 질문을 한 후에,「여름의 집」으로 가는 세 가지 방법, 즉 렌터카로, 전차로, 택시로(택시운전기사에게 보여주기 위해 스웨덴 어로 쓴 메모까지 첨부했습니다.) 가는 방법을 자세히 적은 팩스를 보내주는 등 사려 깊은 배려를 보여주었습니다. 게다가 그 편지의 마지막 줄에 조심스럽게, "일본에는 세라믹으로 만든 굉장히 성능이 좋은 가위가 있다고 들었는데, 그것 한 자루만 사서 올 수는 없나요? 물론 돈은 드릴 테니."라는 글귀도 있어, 도대체 이 사람은 어떤 사람인가 하는 호기심을 갖지 않을 수가 없었지요.

"스톡홀름에 도착하면 곧 전화 주시기를."이라는 메모가 있었기에, 호텔에서 체크인한 후 곧바로 연락했더니, "오늘밤 당신이 머물고 있는 호텔에 가서 다시 한 번 상세하게 길 안내를 설명해 드릴게요."라며 지난밤 일부러 찾아와 주었던 것입니다.

팩스와 전화를 통해 상상했던 모습으로는 성실하고 정직하며 원만한 은행원 같은 사람이었는데 실제로 만나 보니 예상은 빗나갔습니다. 울만은 점퍼 차림에 키가 2미터나 되어 보이는 점잖은 어른이었습니다. 키가 작은 제가 좀 기어오르는 듯한 느낌이 드는 바 카운터의 높은 의자에 걸터앉아 문득 울만의 발끝을 보니, 그는 큰 구두를 발걸이에 대고 있는 것이 아니라 신발을 바닥에 대고, 게다가 무릎에서 발끝까지 여유가 있었는지 조금은 다리를 앙증맞게 흔들고 있었습니다.

울만은 일본에 보내준 「여름의 집」 길 안내 팩스 위에 다시 그림을 그려가면서 유창한 영어로 한층 세밀하고 잘 알아들을 수 있도록 차근차근 설명해 주었습니다.

우리들의 이런 모습을 뒤에서 본다면, "숲에서 길을 잃은 어린 아이가 숲을 지키고 있는 거인한테서 집으로 돌아가는 길을 듣고 있는 모습이겠지."라고 생각하면서 필사적으로 메모를 해가며 설명을 들었습니다.

그날 이른 아침에 도착한 울만의 팩스는 다시 확인하기 위해 어젯밤에 설명한 내용을 또 한 번 정리해서 컴퓨터로 깨끗이 타이핑한 「여름의 집」으로 가는 방법이었습니다.

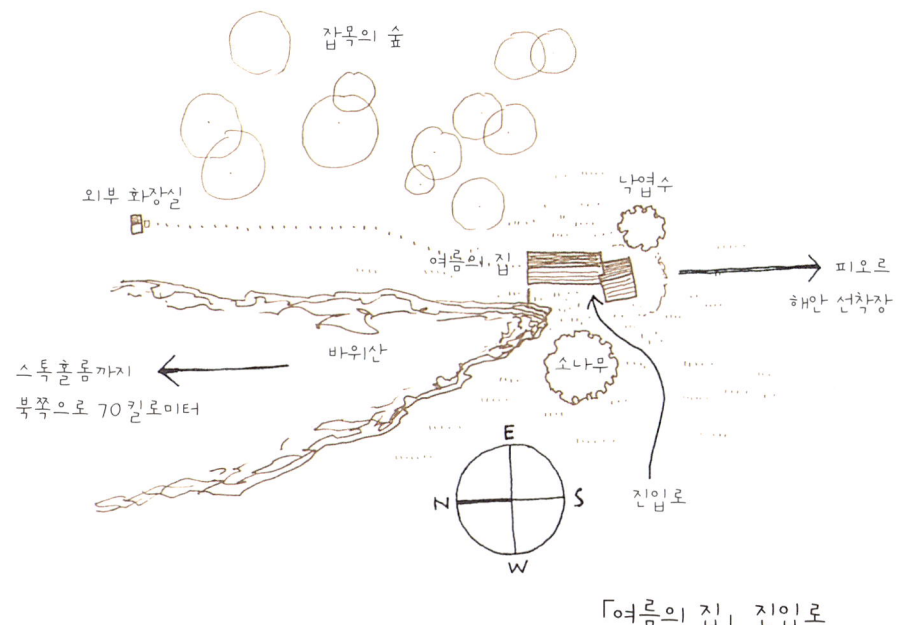

「여름의 집」 진입로

> "건물에 다가갈 때는,
> 걸어서 가세요."

덕분에 스톡홀름 시내에서 70킬로미터가 넘는 여정 동안 전혀 불안하지 않았고, 한 시간 반 정도 목표로 했던 「여름의 집」에도 무사히 도착할 수 있었습니다.

잡목림들이 자라는 숲 속의 좁은 길로 건물이 언뜻 보이는 근처에 차를 세워두고 건물에는 걸어서 접근했습니다. 오랫동안 연모했던 건

유쾌하게 나뭇잎 사이로 비치는 햇살을 받으며 포장되지 않은 길을 걸어서 살짝 경사진 고갯길로 올라가는 매력적인 접근로. 정면에서 웃는 얼굴로 맞이하고 있는 집이 「여름의 집」입니다.

접근로의 정면. 이쪽이 서쪽이 됩니다. 대지가 완만하게 남쪽으로 내리막을 이루고 있음을 알 수 있을 것입니다. 흰색의 외벽은 소나무판을 옆으로 붙인 것에 색깔을 입힌 것입니다.

축물을 실제로 방문할 때에는 건물을 응시하면서 조금은 먼 곳에서부터 마음을 가다듬으며 천천히 걷지 않으면 설레는 마음을 억누를 수가 없습니다. "건물에 다가갈 때는 걸어서 가세요."라는 필립 존슨의 말을 인용할 필요도 없이, 긴 접근로를 음미하며 건물에 대한 기대감을 높이기 위해서는 도보라는 리듬만큼 어울리는 것도 없습니다. 「여름의 집」은 그런 의미에서 이상적인 위치에 있었습니다.

잡목림 나무 사이로 비춰드는 얼룩진 햇빛을 빠져나와 약간 휘어진 완만한 비탈길을 오르는 매력적인 접근로. 걸어감에 따라 차츰 시계는 넓어지고, 접근하는 사이에 잘 정돈된 초지草地가 주위에 펼쳐졌습니다. 왼쪽으로는 높이 6-7미터 정도 되는 가늘고 긴 구두모양을 한 화강암의 바위산이 앞에 있고, 오른쪽으로는 늪지대가 바다로 이어지는 아름다운 조망이 보였습니다. 그리고 정면으로 두 개의 낮은 맞배지붕을 얹은 순백색의 외벽을 한 「여름의 집」이 기다리고 있었습니다.

"아버지가 이국에서 온 방문객에게 집을 자랑하고 싶어서 몸이 근질근질해 있는 것이 틀림없어요."라고 지난밤 울만이 내게 말했는데, 그 울만의 아버지가 만면에 웃음을 띠며 현관에서 저를 맞이해 주었습니다.

*

건물에 들어가기 전에, 먼저 건물 뒤쪽에 위치하고 있는 화강암 바위산 위로 올라가 보기로 했지요. 건물과 주변의 위치관계나 방위와의 관계 등을 높은 곳에서 확인해 두기 위해서죠. 아스플룬드가 풍부한 자연의 풍경 속에서 어떤 집을 어떻게 계획하려고 했는가를 알아보기 위

화강암 바위산에서 바라본 「여름의 집」. 두 개의 맞배지붕의 마룻대가 이루는 선(기준선의 각도)이 약간 어긋나게 조합되어 있는 것이 보이시죠?

해서는 그 바위산에 올라가서 바라보는 것이 가장 좋은 방법임에 틀림없습니다. 원래 이 방법은 저의 독창적인 생각이라고 말할 수는 없는데, 이곳을 찾는 사람이라면 누구라도 그렇게 느끼는 모양입니다. 왜냐하면 그 바위산에서 내려다보고 찍은 「여름의 집」 사진은 아스플룬드를 소개하는 책에서는 항상 똑같은 구도로 실려 있기 때문입니다.

남북이라는 방향성

역시 올라가서 본 보람이 있었습니다. 왼편 아래에 구부러진 맞배지붕이 내려다보이고, 정면으로 새파란 피오르의 해안이 멀리 바라보이면서 눈부실 정도로 아름다운 조망이 펼쳐졌습니다. 그렇게 바라보는 것에 눈과 마음을 빼앗겨 한참이나 황홀경에 빠져 있다가 다시 한 번 발밑에 위치하고 있는 집에 눈을 돌려 그 배치에 대해서 조금 생각해 보았습니다.

그 집은 미묘하게 각도가 다른 두 개의 기준선을 갖고 있었는데, 거실동의 기준선 각도는 7도 정도 동쪽으로 휘어져 있지만, 또 하나의 기준선은 정확히 남북축과 겹쳐 있었습니다. 이러한 내용을 저는 도면으로 진작 확인하고 있었지만 왜 그렇게 했는지에 대해서는 사실 오래 전부터 궁금증을 가지고 있었습니다. 평면도를 보면 알 수 있듯이, 건물을 그렇게 배치하면 방위의 영향으로 부엌과 식당, 그리고 침실 두

낮게 조정한 처마에 덮인 긴 입구 포치. 오후에는 여기가 햇살이 멈추는 경계가 됩니다. 정면은 지하 보일러실 문으로, 지금은 화장실도 이 지하실에 있습니다. 처마의 끝부분까지 세세한 배려가 담겨 있네요.

피오르 해안에서 선착장 너머로 보이는 전경. 왼쪽에서 길게 보이는 것이 부두의 역할을 하는 잔교입니다. 그 너머로 붉은 빛이 감도는 갈색의 작은 집 두 채, 그리고 그 옆에 「여름의 집」이 보입니다. 모든 것이(계류하고 있는 보트까지도!) 남쪽을 향하는 방향성을 갖고 있습니다.

곳의 일조가 오전으로 한정되어 버립니다. 오후의 따뜻한 태양도 포치(처마 아래 공간)의 깊은 처마차양과 내부의 통로에 가려져 가장 중요한 실내에는 빛이 스며들지 않습니다.

이곳은 북유럽이므로 사람뿐만 아니라 실내도 조금이라도 길게 태양의 빛을 쬐고 싶어 할 텐데 "왜 이렇게 했을까?"라는 것이 저의 소박한 의문이었습니다. 우선 이 건물이 여름만을 위해 만들어진 집이라는 것도 일단은 생각해 볼 일입니다. 어쩌면 이곳에 올 때는 가능한 한 집 밖에서 생활하면서 태양을 듬뿍 받으려고 했을지도 모릅니다. 그러나 그렇다 치더라도 그것이 내부의 일조량이 적어야 하는 이유가 되지는 않습니다. 아스플룬드에게는 절대적으로 이 배치, 즉 남북축이 아니면 안 되었을 그 무언가의 이유가 있었을 겁니다.

여기까지 생각하고 있던 차에 조금 전 자동차로 달려온 여정이 스톡홀름에서 똑바로 남쪽으로 내려오는 여정이었다는 것이 생각났습니다. 그리고 이 집이 있는 린소 반도도 남북으로 가늘고 길게 늘어진 반도이며, 지금 제가 서 있는 장소는 그 반도를 척추와 같이 관통하고 있는 가늘고 긴 바위산의 남단 부분의 한 곳이라는 것도 알게 되었습니다. 결국 지형은 피오르 해안을 향해서 완만하게 경사를 이루고 있고, 이곳은 린소 반도와 바위산과 지형이 북쪽에서 남쪽으로 흐르는 강한 방향성을 가지고 있었던 것이지요.

이런 생각에서 "의식도 역시 북쪽에서 남쪽으로 흐른다."라고 쓰면 어떨까 하고 생각하게 되었습니다. 그러다 돌연 정신이 들었는데, 어느새 제 자신도 가슴속에 〈남북의 방향성〉을 받아들이고 있음을 알 수 있었습니다. 말을 바꿔서 설명하자면, "이 땅에서는 동서로 가늘고 긴 건물을 하면 안 되겠구나."라는 기분에 압도당하고 있었습니다.

아스플룬드는 건축뿐만 아니라 대표작인 「숲의 화장터」에서도 랜드스케이프landscape 디자인의 독창적인 세계를 보여준 사람입니다. 그의 랜드스케이프 디자인 작업은 그 땅에 깃들어 있는 성질과 정령에 대한 독특한 감수성, 그리고 그를 숭배하고 존경하는 마음에서 생겨났다는 사실은 그곳을 방문한 사람이라면 누구라도 직감하게 됩니다. 그러한 아스플룬드였기에 일조량의 불리함을 해결하기 위해 건물을 동서축으로 배치함으로써 반도, 도로, 바위산, 지형의 경사가 만들어낸 〈흐름〉과 〈방향〉을 댐의 수문과 같이 멈추게 할 수는 없었을 것입니다.

여기서, 저는 다시 생각에 잠겼습니다.

설계자의 기질 또는 습성이라고도 해야 할까요. "이러한 부지 조건에 내가 놓이게 된다면, 나는 어떻게 주변상황을 읽고, 어떻게 판단을 하고, 어떻게 설계를 했을까?"라는 생각을 해보지 않을 수 없었습니다. 조금은 얽매이는 듯한데 〈거주성〉이라는 것에 집착하는 제가 설계한다면, 역시 거실에 드는 오후의 햇빛을 체념하지는 못할 것 같은 느낌이 듭니다. (따뜻한 오후의 햇볕을 쬐면서 책을 읽는다거나 낮잠을 자는 즐거움을 저로서는 무엇과도 바꿀 수가 없습니다!) 그렇다고 해서 동서축으로 건물을 배치하는 방법도 물론 선호하지 않습니다.

결국 저라면 남북으로도 동서로도 방향성이 없는 건물, 예를 들면 전체를 정사각형의 평면으로 하고 그 중간에 각 방을 집어넣는 방법으로 설계를 하게 될 것 같습니다.

가늘고 긴 바위산의 말단에 감탄부호인 〈!〉의 끝에 붙은 〈•〉과 같이 방향성이 없는 건물을 세우는 것도 여기서는 하나의 해답이라고 생각하는데, 여러분은 어떻습니까?

가로의 기원

약 6년 전, 처음으로 스웨덴을 방문했을 때 들렀던 서점에서 1988년 런던의 건축 잡지사에서 발행한 『에릭 군나르 아스플룬드』라는 책자를 발견하곤 바로 구입했습니다. 불과 130페이지 정도의 책이지만, 스톡홀름의 건축 박물관에서 보관하고 있는 「여름의 집」에 관한 스케치나 도면 등의 자료가 풍부히 수록되어 있어 얇다고는 하지만 꽤 볼 만한 가치가 있는 책이었습니다. 그 책에 수록되어 있는 아스플룬드가 그린 스케치에는 「여름의 집」을 설계하는 과정에서 반복하며 다듬었던 흔적이나 그가 집착했던 부분이 분명하게 나타나 있는데, 어느 정도 그 과정이 파악되어 있어도 볼 때마다 새로운 발견을 하거나 깜짝 놀라게 되므로 언제까지나 싫증이 나지 않습니다.

조금 전에 저는 「여름의 집」을 정사각형의 평면으로 할 수 있는 가능성도 있지는 않았을까라는 의미의 말을 했는데, 그 책을 보게 되면 아스플룬드가 「여름의 집」을 정사각의 평면으로 하지 않았던 이유, 바꿔 말하면 좁고 긴 평면으로 한 이유가 잘 이해됩니다. 이 집에 대한 초

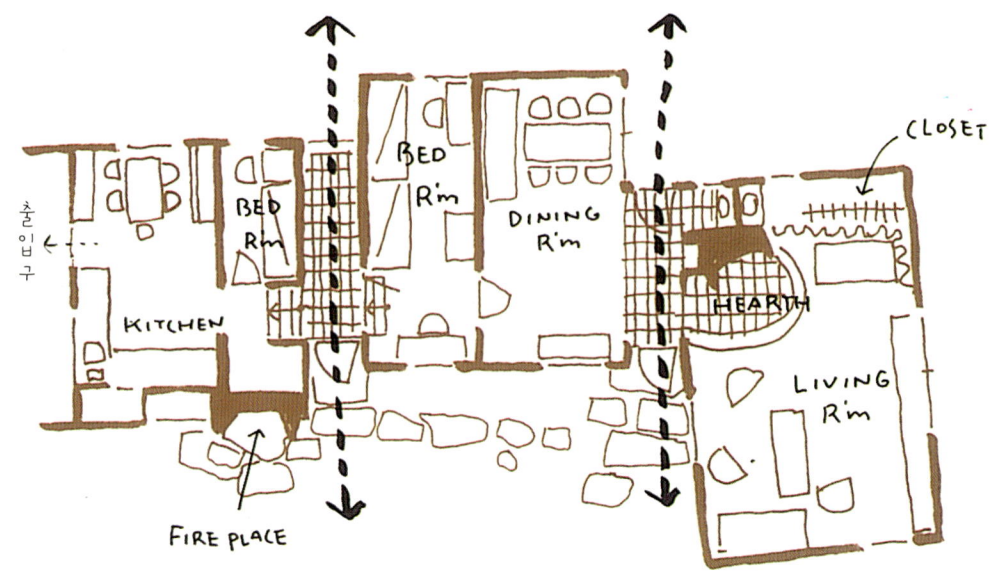

집 안에서 통할 수 있는 통로가 두 개 있는 초기의 계획안.
매우 매력적인 계획안이었다고 생각되는데요……

기 평면도 스케치를 보면 알겠지만, 이 집은 최초에 분절된 세 개 동의 건물을 가로로 늘어뜨린 형태로 계획되었습니다. 게다가 그 동과 동 사이에는 두 개의 통로가 설치되어 있어 건물의 건너편으로 빠져나갈 수 있도록 되어 있습니다. 평면도에 그려진 동선 계획에도 저는 크게 마음이 끌렸는데, 유감스럽게도 최종안 즉, 현재 남아 있는 건물에서는 각 동이 서로 연결되어 있어 건물을 빠져나갈 수 있게 한 그 통로는 없어져 버렸습니다.

그러나 이것은 초기 계획안이 실제 세워진 건물보다 뛰어나다는 의미는 아닙니다. 오히려 이만큼 매력적인 안을 두고도 더욱 고심해서 최종안으로 보완해 갔다는 것에 마음을 두지 않으면 안 된다고 생각합니다.

스칸센 야외 박물관 내에 있는 스칸디나비아의 전통민가. 연속하는 맞배지붕, 굴뚝의 표정 등, 불현듯「여름의 집」초기 계획안이 연상되었습니다.

다시 가로로 긴 평면에 대한 이야기로 되돌아가 볼까요. 현재 2단으로 된 맞배지붕은 최초 계획의 흔적을 겨우 남겨놓은 것에 불과하지만, 원래 계획으로는 건물이 세 동이었으며 그 건물들이 연결된 형태이므로 이 집은 어쩔 수 없이 가로로 길게 되었다고 저는 말하려고 합니다.

그런데 초기 계획안이었던 세 개 동으로 된 계획의 기원에 대해 살펴보면, 앞서 소개한 책에는 "스웨덴 전통민가의 영향이 보인다."라고 기술되어 있습니다. 이 논리에 대해서는 저도 완전히 동감합니다. 그 이유는「여름의 집」을 방문한 이틀 후에 스칸센 야외 박물관(스칸디나비아 반도의 민가를 모은, 말하자면 전통민가 마을입니다.)이라는 곳에 견학을 가서, 그 기원이라고 생각되는 민가를 직접 눈으로 보고, "정말 그렇구나!" 하고 무릎을 치며 공감했기 때문입니다. 스칸디나비아 전통민가의 3단으로 된 맞배지붕의 외관이나 굴뚝의 위치와 형태 등을 보면「여름의 집」을 (자세히 말하면 그 초기안의 스케치를) 즉석에서 연상하지 않을 수가 없습니다.

"아, 이것이었구나!"

엉겁결에 저는 마음속으로 이렇게 소리쳤습니다.

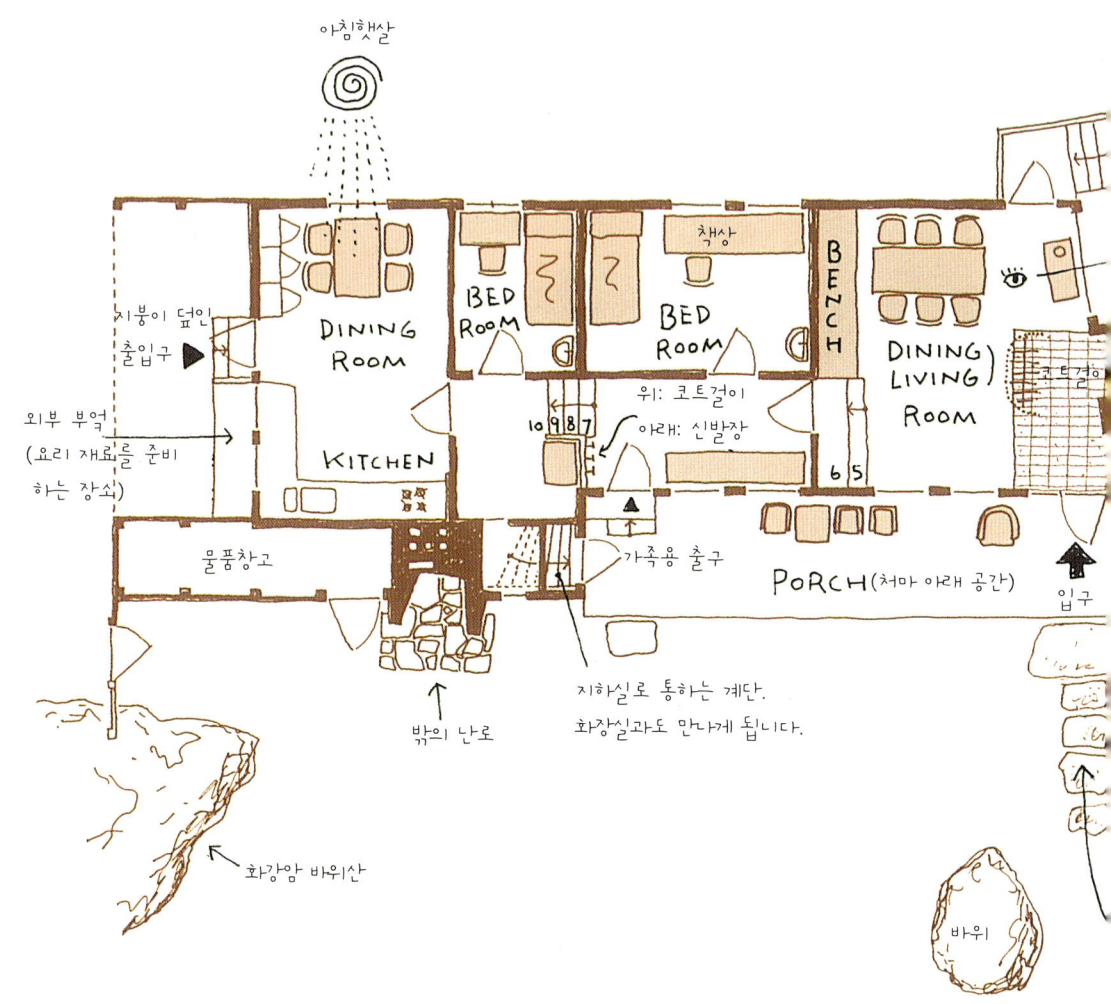

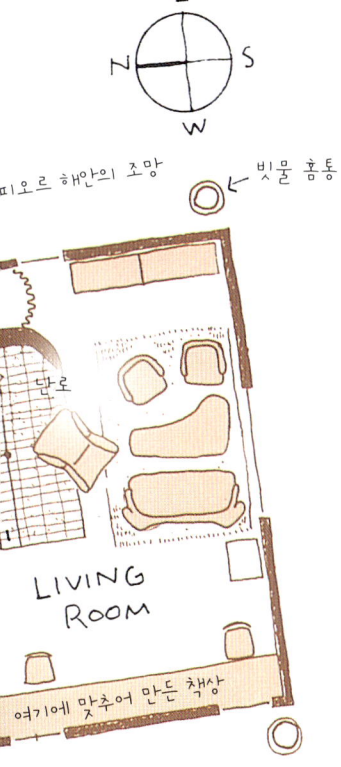

비틀어짐의 마무리

여기서 독자 여러분은 옆에 있는 현재 모습의 평면도를 꼼꼼히 봐주셨으면 합니다.

웃길지도 모르겠지만, 사실 저는 무어라 형용하기 어려운 매력적인 평면도가 너무너무 좋아서 일종의 짝사랑과 같은 기분을 가졌던 시기가 있었습니다. (동정심이 있는 독자라면 기억해 주세요. 건축가는 평면도를 사랑하는 일이 있습니다!!)「여름의 집」을 반드시 방문해서 만나고 싶다는, 보고 싶다는, 그리고 그 집의 공기에 빠져들고 싶다는 생각을 휘몰아치게 한 것은, 한눈에 아무런 이유 없이 저를 멈추게 한 평면도와, 뒤에 나오게 되는 벽난로의 사진입니다.

먼저 「여름의 집」 평면도의 최대 특징과 매력은 무엇보다도 거실동이 단층처럼 어긋나서 약간 각도가 틀어지면서 비틀어진 형태를 만들어내고 있는 것일 겁니다. 그렇게 함으로써 입구의 포치 주변이 방문객을 팔 벌려 환영하는 느낌을 주고 건물도 평상복처럼 담백하고 편안한 인상을 주게 되었습니다.

근대건축운동이나 모던 디자인은 명쾌한 정합성整合性과 합리성 그리고 논리성을 깃발로 들었지만, 이 건물의 〈비틀어짐〉은 그러한 교리를 모조리 흘려들은 듯이 불투명하고 애매모호한 분위기를 자아낼 뿐 아니라 신기한 향기와 깊은 정취를 빚어내고 있습니다. 뭐라고 형용할 수 없는 이러한 부드러운 인상과 영양 풍부한 감칠맛은 이론만으로 생각해서는 도저히 만들어낼 수 없습니다. 이것은 형태에 대한, 건축에 대한 〈아주 드문 직감〉과 재능, 그리고 융통성에 방해를 받지 않는 자유로운 정신이 만들어낸 것이라고 말하지 않을 수 없습니다.

이야기가 약간 옆길로 빠졌지만, 건축 설계의 세계에는 〈마무리〉라고 하는 전문용어가 있는데, 주로 대상과 대상의 인접 부분이나 접합 부분 또는 끊어지거나 잘라진 부분의 처리 방법을 놓고 좋고 나쁨이나 능숙함과 서투름 등을 말할 때 자주 사용됩니다. 예를 들면 "마루와 벽의 마무리가 좋지 않다."라든가, "난간 설치 부분의 마무리가 훌륭하다."라는 식으로 말입니다. 그리고 때로는 이 단어로 설계자의 기분을 표현하는 것도 가능합니다. "그런 보통의 방식으로는 마무리가 안 된다."라고 말할 때, 실제로는 대상의 처리 혹은 마무리뿐만 아니라 그 설계자의 기분에 대한 마무리를 뜻하고 있기도 합니다. 제가 〈드문 직감〉

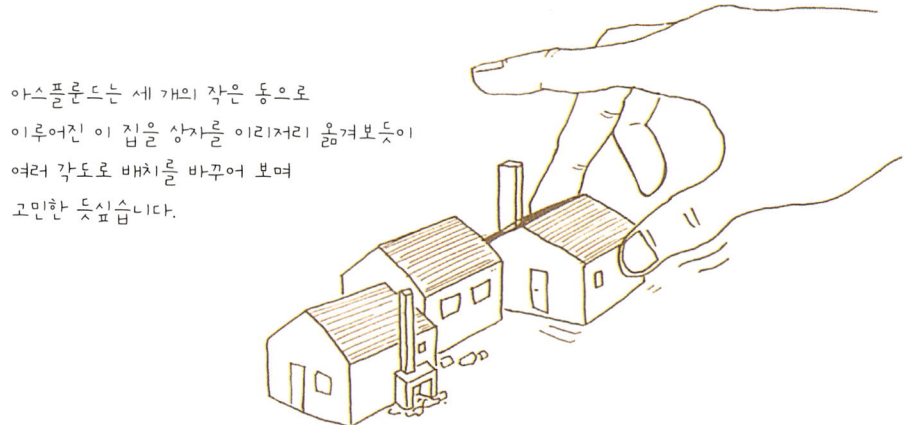

아스플룬드는 세 개의 작은 동으로
이루어진 이 집을 상자를 이리저리 옮겨보듯이
여러 각도로 배치를 바꾸어 보며
고민한 듯싶습니다.

이라고 쓴 것은 실제로는 이러한 마무리에 대한 것이기도 합니다. 설계자로서 아스플룬드의 기분은 단순한 직사각형으로는 아무리 해도 마무리가 안 되었을 것이며, 각도도 30도나 45도 등의 삼각자에 의한 틀에 박힌 각도로는 만족할 수 없어 도무지 마무리가 되지 않았을 것입니다. 결국 이러한 어긋남의 가감, 이러한 미묘한 각도로 처리하는 것이야말로 아스플룬드라고 하는 건축가의 숨결이며, 체온이며, 마음의 형태인 것입니다.

또 하나, 이 매력적인 〈비틀어짐〉이 생긴 배경에 대해 써보고자 합니다. 독자 여러분께서는, 앞에서 이미 말씀 드렸듯이, 당초 이 집은 세 개의 작은 동으로 이루어진 집합체로 계획되었다는 것을 상기하면 쉽게 이해가 될 것입니다. 처음에 아스플룬드는 상자를 정렬한 것 같은 배치를 생각하고 있었음에 틀림없습니다. 그리고 이것저것 바꿔가며 정렬해 본 결과, 거실 상자만을 약간 기울어지게 배치해 보고 나서야 겨우 기분이 마무리되었을 거라고 저는 생각합니다.

무민 Moomin 을……, 닮다

이제 입구에서 내부로 들어가면 그곳에는 일종의 거실 겸 식당이 있습니다. 이 집에는 따로 식당 겸 부엌이 있기 때문에 실제로는 그곳에서 식사를 하고 이곳에서는 별로 하지 않습니다. 이곳은 앞에서 언급한 책

긴 붙박이 벤치가 설치된 식당. 벤치에 앉으면 정면에 피오르 해안 풍경을 조망할 수 있는 커다란 창이 보입니다. 벤치 밑에 있는 수납장의 대나무 문도 아스플룬드가 직접 디자인한 것입니다.

식당(또는 위쪽에 있는 거실)에서 식당 겸 부엌으로 향하는 통로 방향을 봅니다. 포치와 평행하는 이 통로는 지형에 따라 점차 올라가도록 되어 있습니다.

부엌에 부속하는 식당. 이곳은 동향이므로 식탁은 정면의 창에서 아침햇살을 듬뿍 받을 것입니다. 화사한 아침식사를 즐길 수 있겠죠?

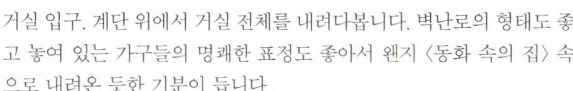

거실 입구. 계단 위에서 거실 전체를 내려다봅니다. 벽난로의 형태도 좋고 놓여 있는 가구들의 명쾌한 표정도 좋아서 왠지 〈동화 속의 집〉 속으로 내려온 듯한 기분이 듭니다.

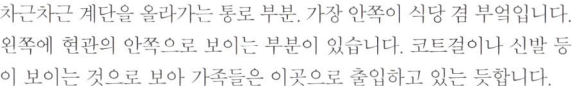

차근차근 계단을 올라가는 통로 부분. 가장 안쪽이 식당 겸 부엌입니다. 왼쪽에 현관의 안쪽으로 보이는 부분이 있습니다. 코트걸이나 신발 등이 보이는 것으로 보아 가족들은 이곳으로 출입하고 있는 듯합니다.

117 여름의 집

소박하고 밝은 부엌. 맞춤들보는 그대로 노출되어 있고 천장의 판자는 서까래에 직접 붙였습니다. 들보에 봉을 걸고 그 위에 집 주변에서 채취한 버섯을 말리고 있습니다. 일종의 〈천장 선반〉 역할을 하고 있는 셈이지요.

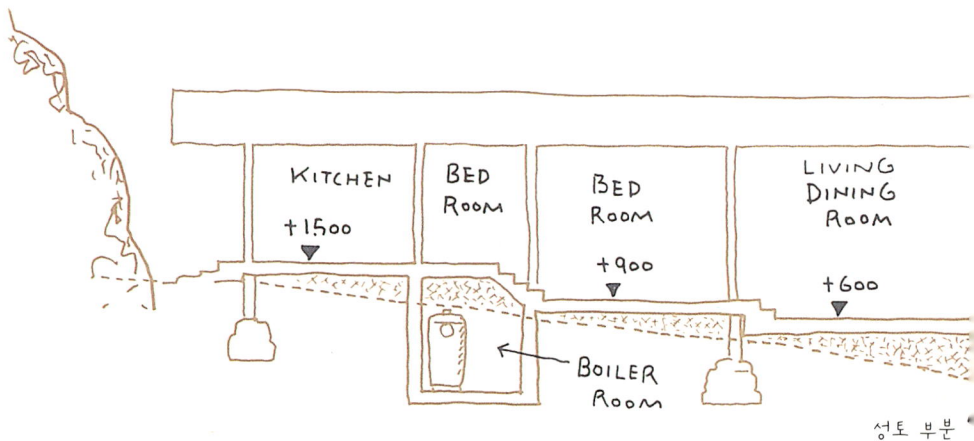

성토 부분

에 의하면 〈위쪽에 있는 거실〉이라고 쓰여 있어, 앞서 비틀어진 각도라고 부르고 있는, 벽난로가 있는 거실동의 큰 거실과는 구분되고 있습니다. 발을 들여놓는 부분과, 그곳과 이어져 큰 거실로 내려가는 계단 부분(그곳이 벽난로 코너이기도 합니다.)에만 작은 단을 세운 벽돌이 깔려 있어 초기의 구상에 따라 흙바닥의 느낌을 남기고 있습니다. 입구로 들어가서 곧장 오른쪽으로 내려가면 큰 거실이지만 기분상으로는 일단 왼쪽으로 빨려 들어가게 되고, 서로 어긋난 공간으로 인해 생긴 남측면의 커다란 창문을 통해 피오르 해안을 한 번 바라본 후, 동선은 반시계방향을 그리면서 정면에서 거실 겸 식당으로 들어가고 싶게 됩니다. 이 동선도 부엌에서부터 차례차례로 내려오는 동선의 흐름, 즉 북쪽에서 남쪽으로 향하는 방향성과 무관하지 않습니다. 그렇게 함으로써 체내에 머물고 있는 방향감각에 궤도 수정을 하고 싶어진다고 쓴다면 좋을지도 모르겠네요.

그리고 왼쪽의 큰 거실에 발을 들여놓아보니 조금 전부터 문제 삼아

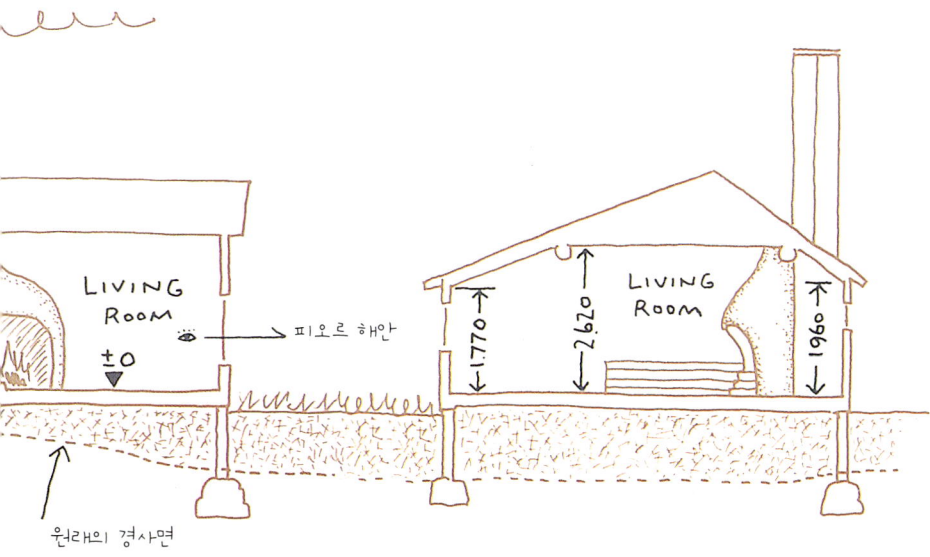

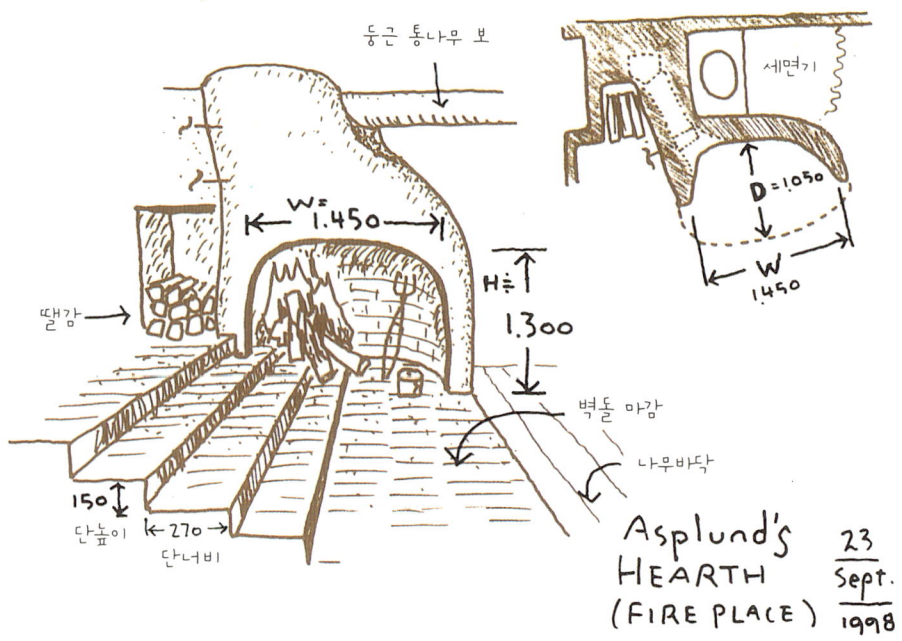

온〈비틀어짐〉이 감각적으로는 극히 자연스럽게 느껴집니다. 오히려 약간의 각도로 인한 비틀어짐이 없었다면 이곳은 말 그대로 사각사면의 딱딱한 인상이 되어 오히려 위화감을 줄지도 모릅니다. 그리고 이 비틀어짐을 만들어낸 것의 정체는 어쩌면 큰 거실로 내려가는 계단을 그대로 수용한 벽난로일 것입니다. 스칸디나비아 땅에서 태어난 무민(핀란드 여성작가 토베 얀손의 동화에 등장하는 주인공 이름으로, 하마를 닮았습니다.)을 연상시키는 벽난로, 마치 커다랗지만 얌전한 동물처럼 입구 부근에 웅크리고 있다가 거실에 들어온 사람에게 다가앉는 듯한 인상을 주기 위해 거실을 움직여 그 각도를 바꾸었다고도 할 수 있을 것 같습니다.

거실로 내려가는 도중에 아무 생각 없이 손을 대거나 만지지 않을 수 없게 만든 귀여운 벽난로의 모습. 〈무민〉이라고 부르고 싶은 기분을 독자 여러분도 이해하시리라 믿습니다.

거실 입구의 계단에 걸쳐 있는 개성 있는 벽난로. 파이프 담배를 입에 물고 있는 한 남자가 계단 가운데에 걸터앉아 난로 속에서 타고 있는 불을 외로이 바라보고 있는 멋진 한 장의 사진이 저를 결국 스웨덴까지 오게 했습니다.

전통적인 스웨덴 민가 내부에 있는, 살아 있는 생물 같은 표정의 벽난로. 방의 모퉁이에 벽난로를 설치하는 이러한 방법도 이 지방 민가의 전통적인 수법입니다. 벽난로 오른쪽의 커튼 속은 침실로 되어 있어 따뜻하게 잠을 잘 수 있을 것 같습니다.

개성적인 표정을 가진 아스플룬드의 가구들. 가우디의 가구를 〈특이한 형태〉라고 한다면, 그 가구와는 취향을 달리한 이러한 가구들은 〈특이하지만 청초한 형태〉라고 형용하고 싶습니다.

거실의 천장 높이는 창문 쪽에서 쉽게 손이 닿을 정도로 낮게 되어 있는데, 이로 인해 거실 전체에서 친밀한 공간감을 느낄 수 있습니다.

옛날에 동양에서는 집의 이곳저곳에 신령이 있다고 믿었는데, 저는 이 커다란 벽난로에 더 훌륭한 신령이 묵고 있다는 것을 느끼지 않을 수가 없었습니다. 그리고 이 벽난로의 사진을 처음 본 순간부터, 저는 이 벽난로에 홀리고 있었다는 것을 그때 알게 되었습니다.

이 벽난로의 둥근 모양의 형태를 손바닥으로 문질러 보기 위해, 그리고 벽난로 옆 계단에 걸터앉아서 벽난로가 말하는 침묵의 말벗 이야기에 귀를 기울이기 위해, 저는 스칸디나비아 반도의 선단까지 인도되어 따라오게 된 것입니다.

요정과 거인이 사는 숲

북유럽에는 아스플룬드 외에도 제가 굉장히 좋아하는 건축가가 있습니다. 라그나르 오스트베리(Ragnar Östberg, 1886-1945)나 알바 알토를 저는 특히나 좋아합니다. 그러한 건축가를 탄생시킨 이 북유럽의 매력은 무엇일까요? 다시 한 번 제 자신에게 물어본다면, 거기에는 깊은 숲

「여름의 집」거실에 놓여 있는 긴 의자와 커피테이블. 아스플룬드의 가구에서 느껴지는 감각과 속삭이는 듯한 맛은 모던 디자인에서는 바랄 수 없는 것이겠죠······.

이 있고, 호수와 설원이 있고, 칠흑 같은 한겨울의 밤이 있고, 길고 긴 백야의 여름이 있고, 사람들의 생활을 지켜주는 불이 있다는 것으로 짐작합니다.

요정과 거인에 대한 전설이나 신화는 그 아름답고도 가혹한 자연과 원시적인 분위기를 품은 신비한 풍토에 의해 오랜 세월 전해져 왔습니다. 그리고 신화나 요정의 전통을 조금도 잃어버리지 않고 건축 속에 용해시켰던 이가 다른 사람 아닌 이들 건축가라고 생각합니다.

세계를 석권한 것처럼 보이는 근대건축이나 모던 디자인의 교리도 기껏해야 덴마크까지만 왔고, 결국 이 스칸디나비아의 깊숙한 숲 속까지는 들어오지 못했다고 저는 생각합니다. 그리고 그것은 건축 속에 잉태되는 〈꿈〉과 〈환상〉을 각별하게 사랑하는 사람으로서는 대단히 기뻐할 일이라고 생각합니다.

그렇다면 「여름의 집」으로 향하는 길을 가르쳐준 요나스 울만도 알고 보면 숲에 살고 있는 친절한 거인이었다고 생각해도 될 것 같네요. 그렇다면 그의 불가사의한 인품의 모든 것이 한꺼번에 이해될 것 같습니다.

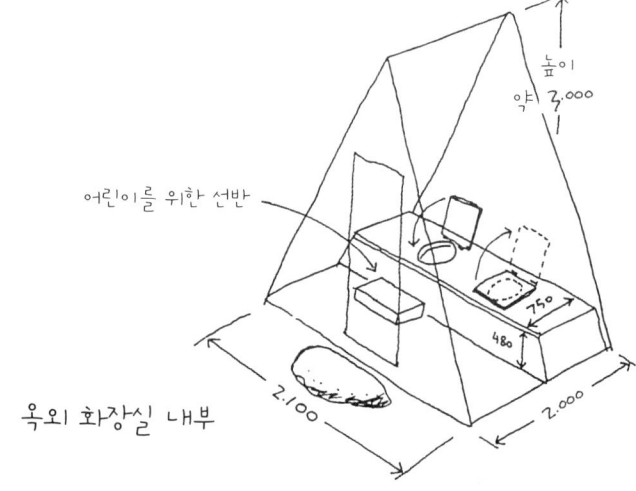

동쪽의 정면. 지형의 특성상 이쪽에서 보면 건물은 의외로 크게 보입니다.

뒷문 부근은 매우 활기에 넘친 옥외 작업장으로, 여기서는 수렵한 멧돼지나 산토끼, 들새 등을 처리하거나 캐온 야채의 뿌리를 씻기도 한다고 합니다. 옥외와 밀착된 생활의 장소죠.

집 뒤쪽 잡목림 속에 있는 옥외 화장실. 역시 불편해서인지 지금은 지하실에도 화장실이 있습니다. "어릴 적 밤, 화장실에 가는 것이 너무나 무서웠습니다."라고 울만은 회고하고 있습니다. 그도 그럴 것 같네요.

125 여름의 집

낙수장 1936

프랭크 로이드 라이트 · 낙수장
미국/펜실베이니아 밀런/1936년

프랭크 로이드 라이트 Frank Lloyd Wright, 1867(69?)-1959

1867년 미국 위스콘신 주 리치랜드센터에서 태어났다. 위스콘신 대학의 토목과에서 공부한 후 1887년 근대건축의 선구자 L. H. 설리번의 설계사무소에서 일하기 시작했다.

1893년 독립하여 「윈슬로 저택」을 비롯한 주택건축을 중심으로 자신의 설계활동을 시작했다. 특출한 재능과 카리스마적인 성격을 갖춘 기이한 인물로, 생애에 완성된 건축물은 4백 개가 넘을 정도로 많은 작품을 남겼다. 그 독창성과 영향력으로 인해 금세기 건축의 거장으로 손꼽히고 있다. 또한 항상 셀 수도 없을 정도의 스캔들이 따라다녀 영광과 불운을 함께 경험한 19세기 낭만의 주인공과 같은 생애를 보낸 사람이기도 했다.

대표작으로는 「유니테리언 교회」(1908), 「로비 주택」(1909), 「제국 호텔」(1922), 「낙수장」(1936), 「탈리어신 웨스트」(1938-), 「존슨 왁스 빌딩」(1939), 「구겐하임 미술관」(1959) 등이 있다. 저서로는 『프랭크 로이드 라이트 자서전』(1932), 『라이트의 유언』(1957) 등이 있다.

Frank Lloyd Wright
Falling Water House

비행기 옆 좌석

보통 저는 아주 말이 많은 사람이지만 비행기 안에서는 직업이나 나이 등을 자세히 알지 못하게 조용히, 마치 수수께끼 같은 인물인 것처럼 행동합니다. 그렇게 행동하는 이유는 옆에 앉은 사람과 맺는 관계가 화장실을 오갈 때 어쩔 수 없이 길을 비켜주는 협력관계에 불과하다고 생각하여 서로 간섭하지 않는 것이 비행기 내에서의 암묵적인 규칙 또는 매너가 아니겠느냐고 늘 생각해 왔기 때문입니다.

그런데 언젠가 미국으로 가는 비행기 안에서 옆 좌석의 청년과 혈액형과 성격 관계에 관해서 이야기를 나누게 되었습니다. 처음부터 자초지종을 얘기하자면, 그 청년이 "그런데 혹시 당신 혈액형이 AB형 아닙니까?"라고 말을 걸어오는 것이 계기가 되었습니다.

숨길 필요가 없겠지요. 저는 실제로 AB형입니다.

청년은 제 혈액형을 맞춘 근거를 말해 주었는데 정말 흥미 있는 실화가 담겨 설득력이 있었으며, 설명이라기보다는 논리적인 근거로 얘기하고 있다고 할 정도로 흥미가 있었습니다.

혈액형에 대한 청년의 흥미와 집착이 너무도 솔직하고 전문가 같았기에 저는 조금이라도 이겨보고 싶어서 이렇게 물어 보았습니다.

"그렇다면, 당신이라면 인간의 기질이나 마음가짐을 분류하는 방법으로 〈유럽형〉, 〈미국형〉, 〈영미형〉, 〈동양형〉 같은 것도 자세히 알고 있겠네요?"

물론 청년은 어떤 내용인지 알지 못했으며, 머리끝부터 "네???"를 연발하며 의아한 얼굴로 저를 쳐다보았습니다.

제 설명은 이랬습니다.

"즉, 여행을 한다면 절대적으로 유럽이 최고라고 주장하는 유형의 사람은 〈유럽형〉, 미국을 좋아하는 사람은 〈미국형〉, 영어라면 'No, problem!'이라고 하는 사람은 〈영미형〉, 무엇보다도 인정이 넘치는 동양을 가장 좋아한다면 〈동양형〉이라는 분류법인데……."

저로서는 이 서투른 만담을 일단은 무승부로 할 예정으로 이 말을 꺼냈는데, 예상외로 제게 혈액형을 물었던 청년은 씽긋 웃음을 보이지는 않았습니다. 그러다가 한층 진지한 얼굴이 되어 말똥말똥하게 저를 응시하면서 단호하게 이렇게 말하더군요.

"그럼 당신은 유럽형이네요!"

제 혈액형을 맞춘 청년이 그렇게 말하는 것으로 보아 저는 유럽형이 틀림없는 것 같습니다.

〈유럽형〉이었던 제가 〈미국형〉으로 변신하여 이번에는 프랭크 로이드 라이트의 수작 「낙수장」을 방문하게 되었습니다.

파란만장

프랭크 로이드 라이트의 생애는 영광과 불운, 찬사와 비방에 둘러싸여 있었습니다. 화려한 로맨스가 있었던 것으로 생각되는가 하면, 그 후 자초지종이 밝혀져 어둡고 암담한 나날이 지속되기도 하는 등 입지적인 업적과 연애모험소설을 혼합한 것 같은, 명암과 기복이 많았던 그의 전기를 읽고 있노라면 〈파란만장〉이라는 말은 라이트를 위해 만든 말이 아닐까 하고 생각될 정도입니다.

특히 사업주 부인과의 명예롭지 못한 연애사건에 세상의 호기 어린 눈과 비난이 집중되면서, 이를 견디다 못해 유럽으로 가버린 1909년부터 그 후 20여 년 동안 그의 신변에서 일어난 사건들은 정말 소설보다 기이한 것들뿐이었습니다. 지금 이 자리에서 이야기하는 것은 극히 일부이지만 대략적으로 그 일부분만 소개하자면 다음과 같습니다.

겨우 새로운 거처를 준비해 안정되게 지낼 수 있게 된 그 유부녀가, 사리를 분별하지 못할 정도로 미쳐버린 인부에 의해 여섯 명의 제자와 함께 도끼로 참살된 사건이 있었는데, 그 사건의 흥분이 가라앉기도 전에 이번에는 다른 여류조각가와 사랑의 도피행각을 벌였고, 자택 겸 스튜디오에는 두 번씩이나 화재가 났으며, 이혼과 재혼을 둘러싸고 부인과 애인과의 사이에 처절한 싸움이 있었으며, 간통죄로 재판에 휩싸이면서 경제적 파탄과 빚으로 인해 지옥의 나락으로 떨어진 것 같은 생활을 했으며, 조각가와 이별한 직후에는 네 번째의 결혼으로 발전하는 새로운 사랑이 있었는데…… 등등입니다.

이런 상태가 연이어져 일도 제대로 손에 잡히지 않았으므로 당연히 이 시기의 작품 활동은 극도로 줄어들고 있었습니다. 라이트의 전기에서는 이 시기를 불운한 〈공백시대〉 또는 〈암흑시대〉라고 기술하고 있습니다. (불운이라 해도 그 원인은 대체로 여성 문제이기 때문에 간단하게 말하면 "몸에서 나쁜 녹이 나온 시대"라고 이야기하고 있지만 말입니다.)

이렇게 긴 공백시기 때문에 세상으로부터 〈과거의 건축가〉로 잊혀지고 있었던 라이트는, 그러나 그렇게 간단히 사라져버릴 인물이 아니었습니다.

탁월한 재능뿐만 아니라 행운을 불러들이는 강력한 힘을 겸비한 그는 60대 중반을 넘기면서 훌륭하게 재기하게 됩니다. 그리고 그 계기가 된 것이 바로 그 유명한 「낙수장」이었습니다.

재기의 계기도 근원을 파헤쳐보면, 경제적인 곤궁을 타개하기 위한 라이트의 고육책이었던 〈탈리어신 웨스트Taliesin West〉라고 하는 일종의 건축연구소에서 태어났습니다.

1934년 라이트의 이 연구소에 그의 자서전을 읽고 감명을 받은 에드가 카우프만 주니어라고 하는 유럽 유학을 갔다온 젊은 청년이 들어오게 됩니다. 그리고 그의 부친이 후에 「낙수장」이라 불리는 별장의 의뢰자, 에드가 J. 카우프만입니다. 카우프만은 피츠버그에서 커다란 백화점을 경영하는 부유한 실업가였는데, 하나밖에 없는 자식이 심취한 건축가를 만나보기 위해 라이트의 연구소를 방문하게 되고, 그때 강렬한 개성의 소유자인 이 희대의 인물에게 매료되어 버렸던 것입니다.

카우프만 부부는 피츠버그 교외에 베어 런Bear run이라고 하는 풍요로운 자연 속에 간소한 별장을 갖고 있었는데, 이 별장의 개축을 라이트에게 의뢰하기로 했습니다.

폭포가 있는 대지

라이트가 이 이해 많은 건축주의 새로운 작업에 얼마나 큰 의욕을 보였는지는 말할 필요도 없습니다. 그간 20여 년에 걸쳐 파란만장한 시기를 보내온 라이트는 이미 노인이라고 불러도 좋을 연령이 되어 있었지만, 한 번이고 두 번이고 다시 꼭 꽃을 피워 보이고 말겠다는 강한 의지와 자부심이 아직도 마음속에 강하게 남아 있었습니다. 의뢰를 받은 라이트는 머뭇거림 없이 베어 런의 대지를 답사하러 갔습니다.

그는 그때 매력적인 폭포가 있는 베어 런의 계곡에서 흐르는 물과 커다란 바위 덩어리가 군데군데 노출된 경사면, 판석을 쌓은 것 같은 단층이 보이는 산기슭 부지, 부근에 자생하고 있는 수목이나 식물의 모습, 기존의 별장과 운치가 있는 나무다리 등을 자세히 관찰하고 돌아온 후, 다시 부지 주변의 상세한 실측조사를 지시했습니다.

〈폭포 위로 웅장하게 튀어나온 집〉이라는, 의표를 찌르는 독창적이고도 드라마틱한 아이디어는 최초로 대지를 답사했을 때 라이트의 머릿속에 직감적으로 번쩍였음이 틀림없습니다. 그러나 그 소중한 아이디어를 실행시키기 위한 건축적인 뒷받침은 신중하지 않으면 안 되었습니다. 부지 조사 지도에는 두 군데에 있는 폭포를 중심으로 그 주변의 등고선이나 노출된 바위의 위치, 수목의 위치와 그 종류, 현재 사용되고 있는 길과 다리 등이 자세하게 그려져 있습니다.

라이트는 자연을 누구보다도 사랑하고 자연으로부터 많은 계시를 받은 건축가였다고 전해지지만, 특히 「낙수장」에서는 대지가 가진 여

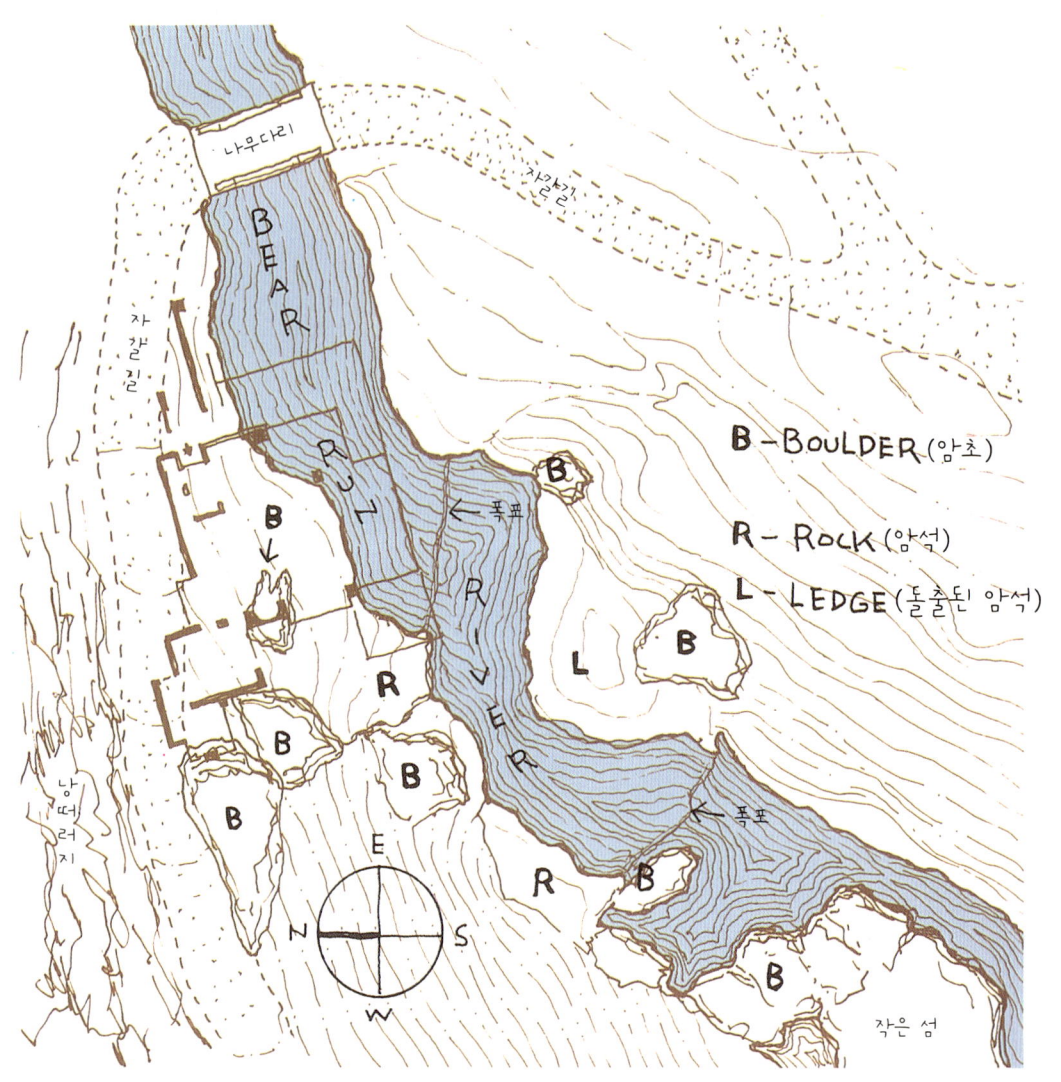

베어 런 지형도

러 조건(그것은 매력인 동시에 커다란 제약이었을 것입니다.)이 놀라울 정도로 교묘하게 건축물에 부합되고 있어 라이트의 작품 중에서도 가장 자연과 잘 조화되는 건축물로 평가받고 있습니다.

수평선과 수직선

「낙수장」을 견학하러 온 사람이라면 누구라도 자신도 모르게 "아!" 하고 감탄의 소리를 자아내게 됩니다. 그리고 카메라를 들이대지 않고는 안 되는 장소가 폭포에서 조금 내려간 곳에 있지요. 그곳은 계류에 연이어진 바위선반 같은 것으로, 「낙수장」을 감상하기 위해 특별히 설치된 관람석과 같은 곳입니다. 물론 저 역시 건물 내부로 들어가기 전에 이곳에서 "아!" 하고 감탄을 했습니다. 그리고 그 "아!"를 연발하면서 라이트가 의도한 계획에 완전히 걸려들었다는 사실을 알게 되었습니다. 바위선반이 있는 관람석과 같은 그 장소는 숲을 뒤로 하고 있고 두 개의 폭포가 사이 좋은 자매와 같이 상하로 나란히 보이는 가장 멋진 장소였으므로, 카우프만과 그의 가족은 당연히 별장은 폭포의 조망이 가장 훌륭하게 보이는 그곳에 세워질 것으로 믿고 있었습니다.

 그러나 라이트라는 사람은 보통 사람이 생각하는 평범한 아이디어에 만족할 사람이 아니었습니다. 라이트가 카우프만에게 보여주고 카우프만을 한순간 말문이 막히게 했다는 설계안에 대해 어떤 책에서는,

특별 마감의 〈관람석〉 바위선반에서 조망한 「낙수장」. 드라마틱하게 폭포 위로 내뻗은 캔틸레버 테라스나 커다란 차양이 건물을 돋보이게 하고 있습니다.

"백조와 같이 크게 날개를 벌려 폭포 위로 날아 내려앉는 듯한" 모양을 하고 있었다고 묘사되어 있습니다. 물론 그렇게 보이지 않을 수도 있겠지만, 실제로 이곳에 서서 보면 〈관람석〉이라는 단어에서 연상되어서일까요, 저에게는 건물이 이쪽을 향해서 춤을 추면서 극적인 순간에 멈추고 있는 듯 보였습니다.

베어 런 계곡의 깊은 숲 속에서 조용한 모습을 보이고 있는 「낙수장」. 아름다운 자연이 사계절 서로 다른 표정을 만들게 하고 있네요.

이 일생일대의 극적인 연출에 우레와 같은 박수갈채가 용솟음치는 것도, 일반 관람자로부터 "아, 낙수장!"이라는 소리가 터져 나오는 것도 물론 라이트가 의도한 것이었을 겁니다. 앞에서 라이트가 의도한 계획에 완전히 걸려들었다고 기술한 것은 실제로는 이것을 두고 한 말입니다.

폭포 위에 약간 경사져서 자리 잡고 있는 「낙수장」은 확실히 매력적이며, 조각적인 그 형태는 더할 나위 없이 주변 풍경과 어울리고 있습니다. 그러나 저는 그것이 너무나 한 치의 오차도 없이 들어맞고 있다는 것에 대해 솔직히 좀 겸연쩍은 기분이 들었습니다. 그래서 "아!" 하고 난 후에는 작은 목소리로 "음, 달력 사진과 같네."라고 중얼거리지 않을 수 없었습니다. 이 집이 걸작 중의 걸작이라는 것에는 조금도 이론의 여지는 없지만, 한편으로는 "감탄사를 자아내는 것이나 갈채를 받는 것을 너무나 강하게 의식한 것은 아닐까?"라는 생각과, "관객이 없

1층 서쪽 테라스에서 2층으로 올라가는 조각 같은 형태의 옥외 계단. 뒤쪽의 돌로 쌓은 벽과 선명한 대조를 만들어내고 있습니다.

었다면 이 집은 공허한 모노드라마를 하고 있는 것에 지나지 않겠지?"라고 하는 의문도 동시에 머리를 스치고 지나갔습니다. 독자 여러분들도 꼭 저의 이런 미묘한 기분을 이해해 주시길 바랍니다.

그런데 라이트의 팬 여러분의 꾸지람을 받아들여 고백하는데, 어쩌면 저는 「낙수장」에 떠도는 향긋한 향기 속에서 뿜내고 있는 〈허세〉라고 하는 미약한 냄새를 맡게 된 것인지도 모릅니다.

또 하나, 극히 지당한 내용이기도 하지만 선반 같은 바위의 관람석에서 이 집을 바라보다가 깨닫게 된 사실이 있습니다.

「낙수장」의 매력 중 하나는 수평선과 수직선이 조화되어 미묘한 균형감을 가지면서도 어색하지 않게 풍경과 어우러진다는 점인데, 그 〈어색하지 않은 이유〉를 건물을 응시하던 도중에 갑자기 깨닫게 되었습니다. 알고 나면 당연한 사실이지만, 수평선과 수직선은 「낙수장」이 세워지기 전부터 그곳 풍경을 지배하고 있었던 것입니다. 물론 〈수평선〉은 계류의 수면이 대변하고, 〈수직선〉은 흘러내리는 폭포가 대변하지요.

라이트는 수직·수평이 지배하는 자연 풍경 속에서 자신이 구성한 수평선과 수직선의 새로운 질서를 살짝, 게다가 과하지도 부족하지도 않은 정확한 스케일로 끼워 넣었던 것입니다.

돌을 수직으로 쌓은 정면의 벽을 주목해 주세요. 이 벽이 이 땅에 원래 있었던 바윗덩어리에 맞물리듯이 구축되어 「낙수장」의 구조와 설비의 큰 기둥 역할을 하고 있습니다.

HEARTH

저는 "도면 속을 걷는다."는 것의 효과를 자주 이야기하는데, 유감스럽게도 라이트 건축 공간의 묘미는 도면으로는 파악하기가 어렵고 사진으로도 음미하기가 쉽지 않습니다. 라이트 건축의 묘미는 사람이 그 공간에 몸을 담고 그곳에서 움직이고 있을 때, 그곳에서 머무르고 있을 때 공기를 통해 피부로 느껴지는 희열이기 때문입니다. 즉, 거기에 갈 수밖에 없게 만드는 매력이 있습니다.

왼쪽으로 건물을 올려다보면서 다리를 건너 완만한 커브 길을 돌아서면 콘크리트 페르골라(덩굴 따위로 지붕을 만든 정자)가 나옵니다. 페르골라의 빛과 그림자 속을 빠져나와 동굴과 같은 좁고 어두운 입구로 이어지는 「낙수장」의 접근로는 그 자체가 작은 이야기와 같습니다. 그리고 진짜 이야기는 지금부터 시작됩니다.

현관문을 밀고 들어가니 그곳 역시 〈동굴〉 속이었습니다. 낮은 천장과 좁은 공간에 압박감을 느낀 마음과 몸은 빛과 넓은 곳을 찾으려고 저도 모르는 사이에 옆 계단을 올라가고 있었습니다. 그리고 그곳에서 처음으로 해방된 것 같은 개방감과, 가로로 긴 창으로 절제된 빼어난 빛과 자연의 경치를 동시에 맛보게 됩니다. 그곳이 바로 거실이었습니다. 거실의 중앙부에는 넉넉하게 개방된 공간이 남겨져 있는데, 그 공간을 둘러싸듯이 실내의 주위에 각기 다른 분위기를 가진 코너가 설치되어 있었습니다. 그 모습은 어딘가 아랍 건축의 실내 분위기를 연상시키는……. 여기까지 기술해 보았는데, 정말 라이트의 공간은 말로는 전할 수 없음을 다시 한 번 느낍니다. 더 이상 설명하는 것을 체념하고, 지금부터는 이제 제 마음에 강렬한 인상을 남긴 하나의 사항만을 말씀드리고자 합니다.

거실에 발을 들여놓는 순간에 제 눈을 빼앗아버린 것은 부채의 중심과 같이 거실의 중심이 되어 있는 벽난로와, 그 벽난로의 바닥이었습니다. 라이트는 벽난로와 그 주위에 좋은 분위기를 자아내는 것에 대해서는 천재적인 재주를 보였는데, 이 벽난로에는 그러한 분위기와 더불어 격식 없는 품격과 태곳적부터 내려오는 주거에 대한 기억을 이어가는 정취가 있었습니다. 그리고 반드시 마음에 담아 놓지 않으면

거실의 테라스 쪽에서 현관 방향을 봅니다. 현관홀 앞의 코너에는 오디오 장치(축음기이지만)가 놓여 있는데, 뮤직 알코브music alcove라고 불리고 있었습니다.

거실 내부의 서재 코너. 오른쪽에 이 집과 같은 디자인의 방법으로 만든 책상이 있습니다. 낮은 책장의 건너편에는 수변으로 내려가는 계단이 있습니다.

안 되는 것은, 원래 이 땅에 있었던 바위의 상층부가 그대로 벽난로의 바닥이 된 채 거실의 마루에서 노출된 상태로 사용되고 있다는 점입니다.

「낙수장」을 담당한 보브 모샤라고 하는 당시의 직원은 다음과 같은 흥미로운 추억 이야기를 하고 있습니다. 건물의 위치를 결정할 즈음, 그가 대지의 경사면에서 "거실의 높이를 얼마로 할까요?"라고 물으니,

카우프만 가족이 그토록 흡족해한
〈원통형 원목 테이블〉이지만
라이트의 취향이 아니라서
라이트가 올 때는
숨겨두었다고 합니다.
위대한 건축가에게 일을 맡기면
건축주도 피곤하네요.

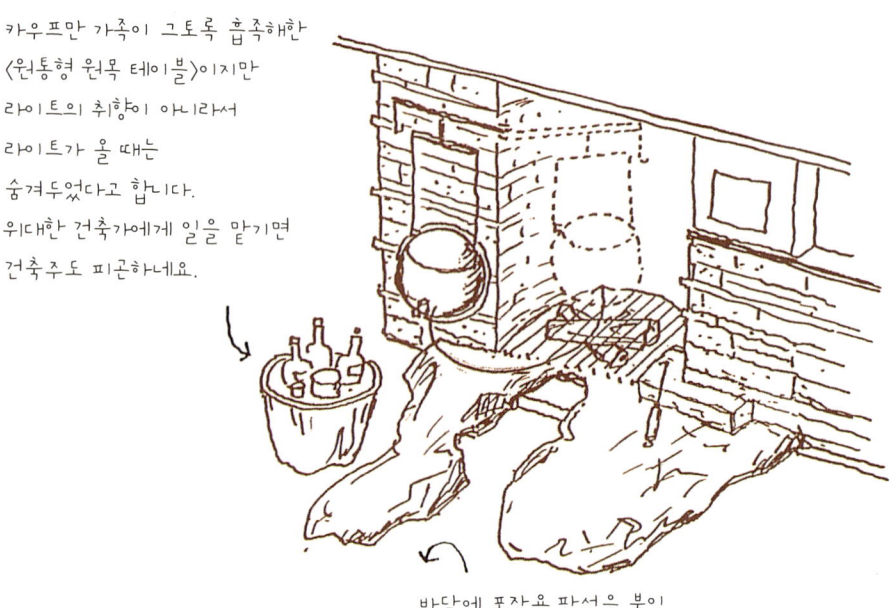

바닥에 포장용 판석을 붙임

대지 내에 있던 바윗덩어리를 그대로
벽난로의 바닥으로 사용한 난로 주변

라이트는 이렇게 대답했다고 합니다.

"그곳에 보이는 그 바위에 올라보게. 그래, 자네가 서 있는 그 바위부터 거실의 높이가 되는 거야."

결국 그 바위가 벽난로의 바닥이 되었고, 거실의 중심이, 그리고 이 건물의 중심이 되었습니다.

그런데 벽난로는 보통 〈파이어 플레이스 fire place〉라고 부르는데, 도

hearth 라고 부르는 벽난로 주변의 모습. 색도 좋고 형태도 좋은, 거대한 꽈리와 같은 둥근 모양을 한 용기는 와인을 숙성시키기 위한 도구입니다. 천천히 회전하여 불 위에 놓여집니다.

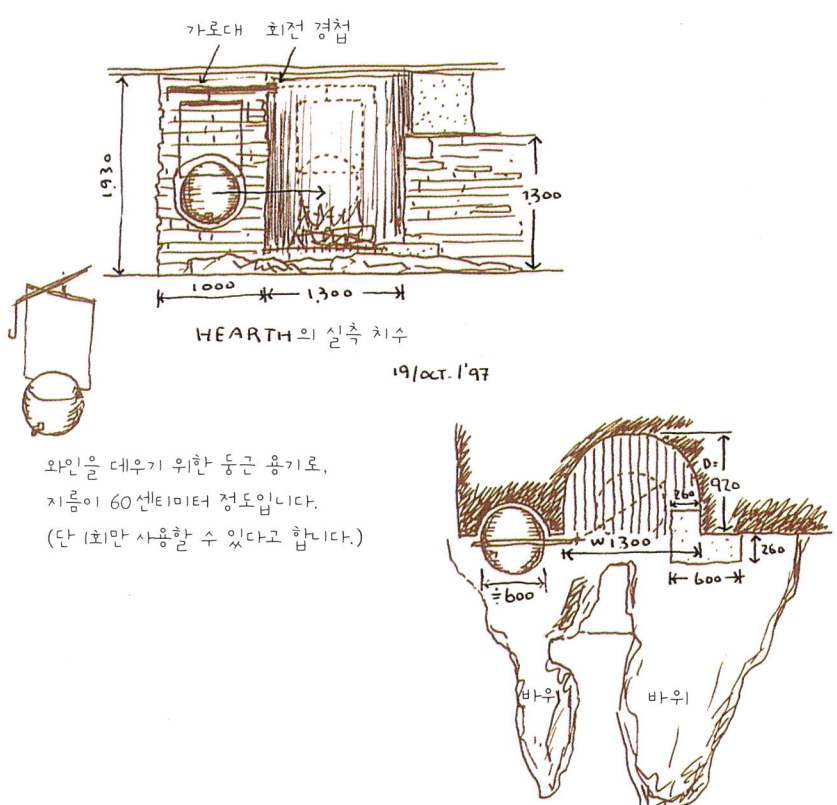

와인을 데우기 위한 둥근 용기로, 지름이 60센티미터 정도입니다. (단 1회만 사용할 수 있다고 합니다.)

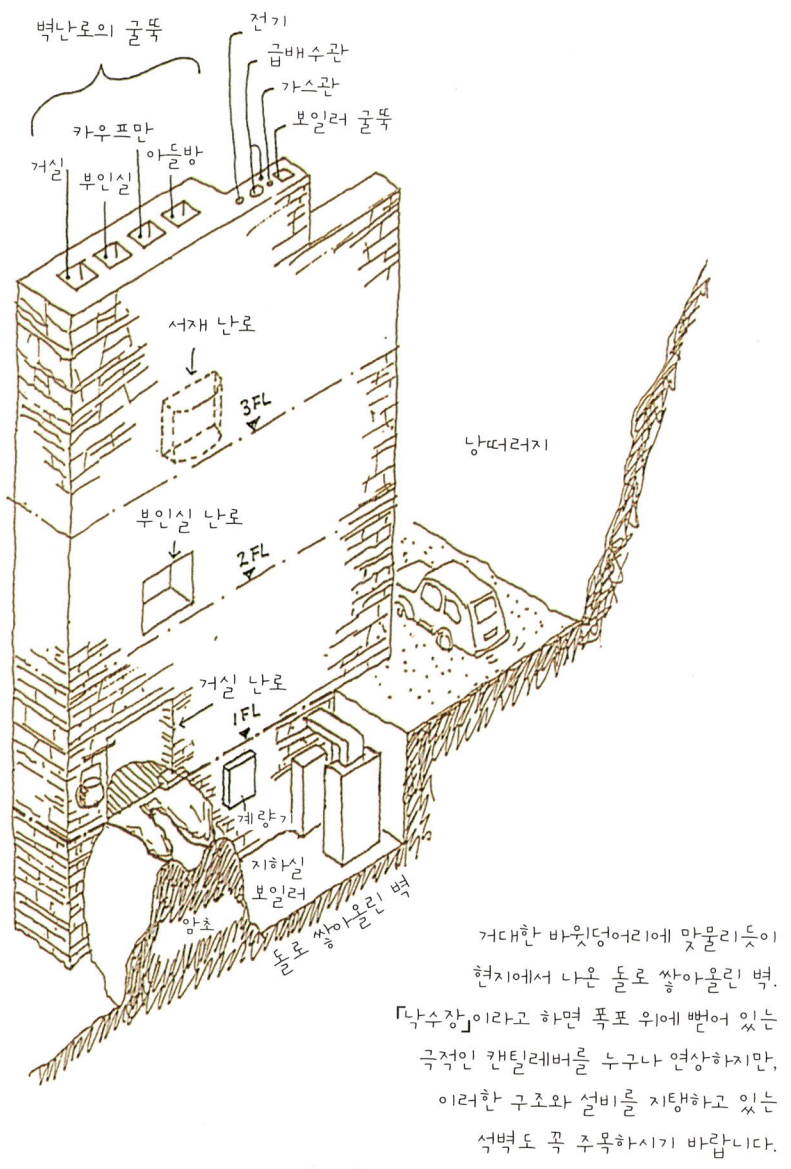

거대한 바윗덩어리에 맞물리듯이 현지에서 나온 돌로 쌓아올린 벽. 「낙수장」이라고 하면 폭포 위에 뻗어 있는 극적인 캔틸레버를 누구나 연상하지만, 이러한 구조와 설비를 지탱하고 있는 석벽도 꼭 주목하시기 바랍니다.

면에 기록된 것을 보면 거기에는 그렇게 되어 있지 않고 〈하스hearth〉라고 되어 있습니다. hearth라는 말은 난롯가, 노변(화롯가)이라는 의미 이외에 〈가정〉이라는 의미도 있다는 것을 생각해 보면 라이트가 의도한 것이 한층 더 선명하게 이해되는 것 같습니다.

다음은 건물의 내부를 돌아다닌 후에 도면을 보고서 발견한 것인데, 돌로 쌓아올린 벽난로의 벽은 실제로는 바닥을 뚫고 올라온 그 바윗덩어리와 직각으로 맞물리도록 구축되어 있어 건물이 사면으로 미끄러지려는 힘을 구조적으로 차단하고 있었습니다. 그리고 건물의 중심 기둥이라고 할 수 있는 이 벽체에 네 개의 벽난로 굴뚝이 장치되고, 그 외에도 급수나 배수, 전기, 가스 등의 각 배관류와 기계실에서 나오는 보일러의 배기 굴뚝이 전부 여기에 모여 있었습니다.

이 부분이 크게 제 마음을 끌어당겼지요.

건축적이라고 하는 것은 폭포 위에 침을 삼키게 될 정도로 아찔한 캔틸레버 발코니를 내밀어 보이게 하는 것이나, 공간을 교묘히 좁히거나 열거나 해서 사람의 마음을 두근거리게 하는 것이나, 사람의 눈을 끄는 기발한 디자인의 가구를 만들어 배치하는 것과 같은 특별한 것만을 의미하는 것은 아닙니다. 그것은 벽난로를 hearth라 부르는 정신이며, 평면계획에 무리도 헛됨도 없는 구조계획과 설비계획이 반영되어 있는 것이며, 굴뚝을 필요로 하는 곳이 위층과 아래층에 정확히 포개지는 것입니다.

라이트가 건축가로서 가진 진정한 힘과 로맨티스트다운 본성, 그리고 「낙수장」의 진가는 일견 아름답게 쌓은 석벽으로밖에 보이지 않는

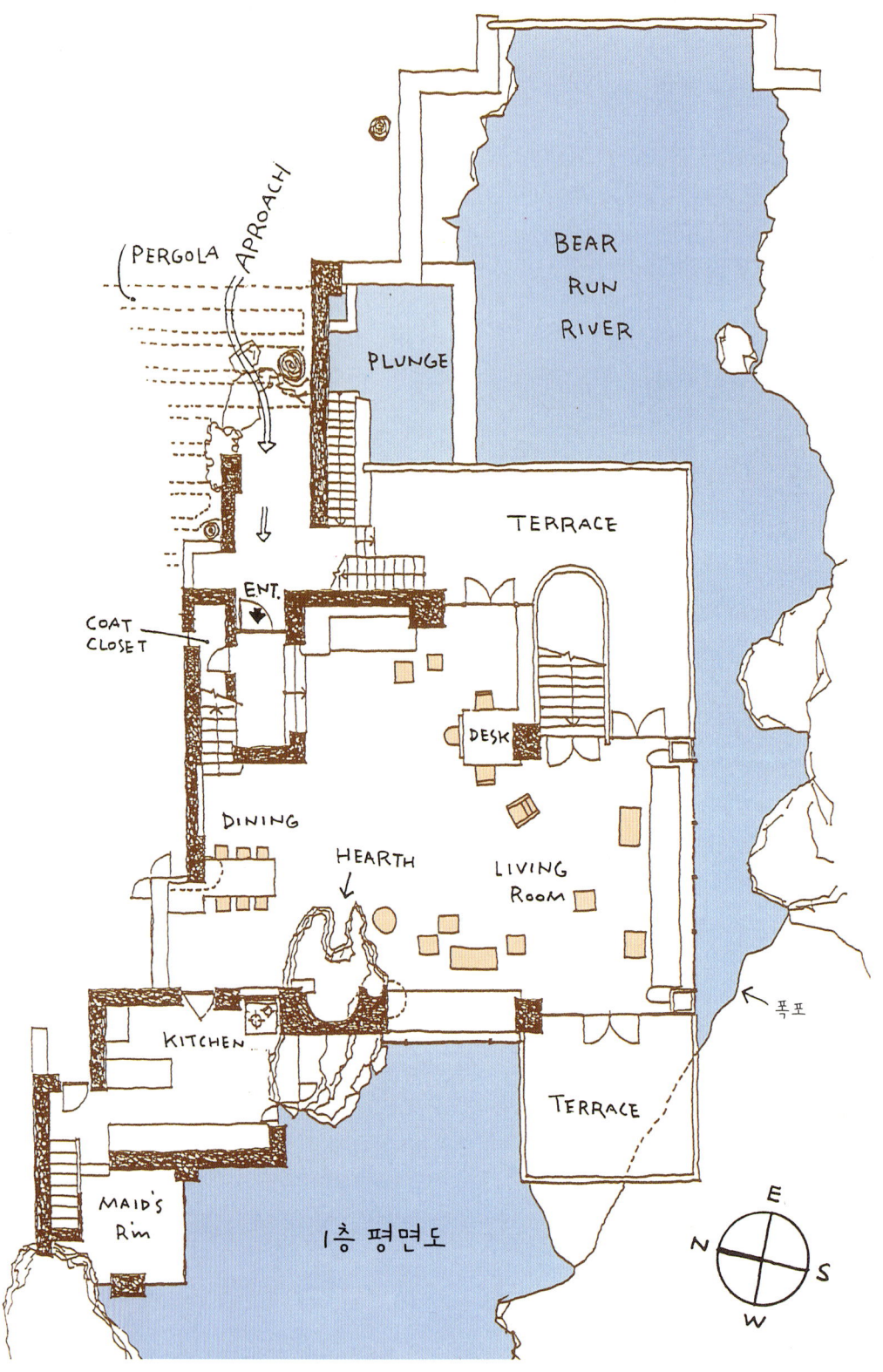

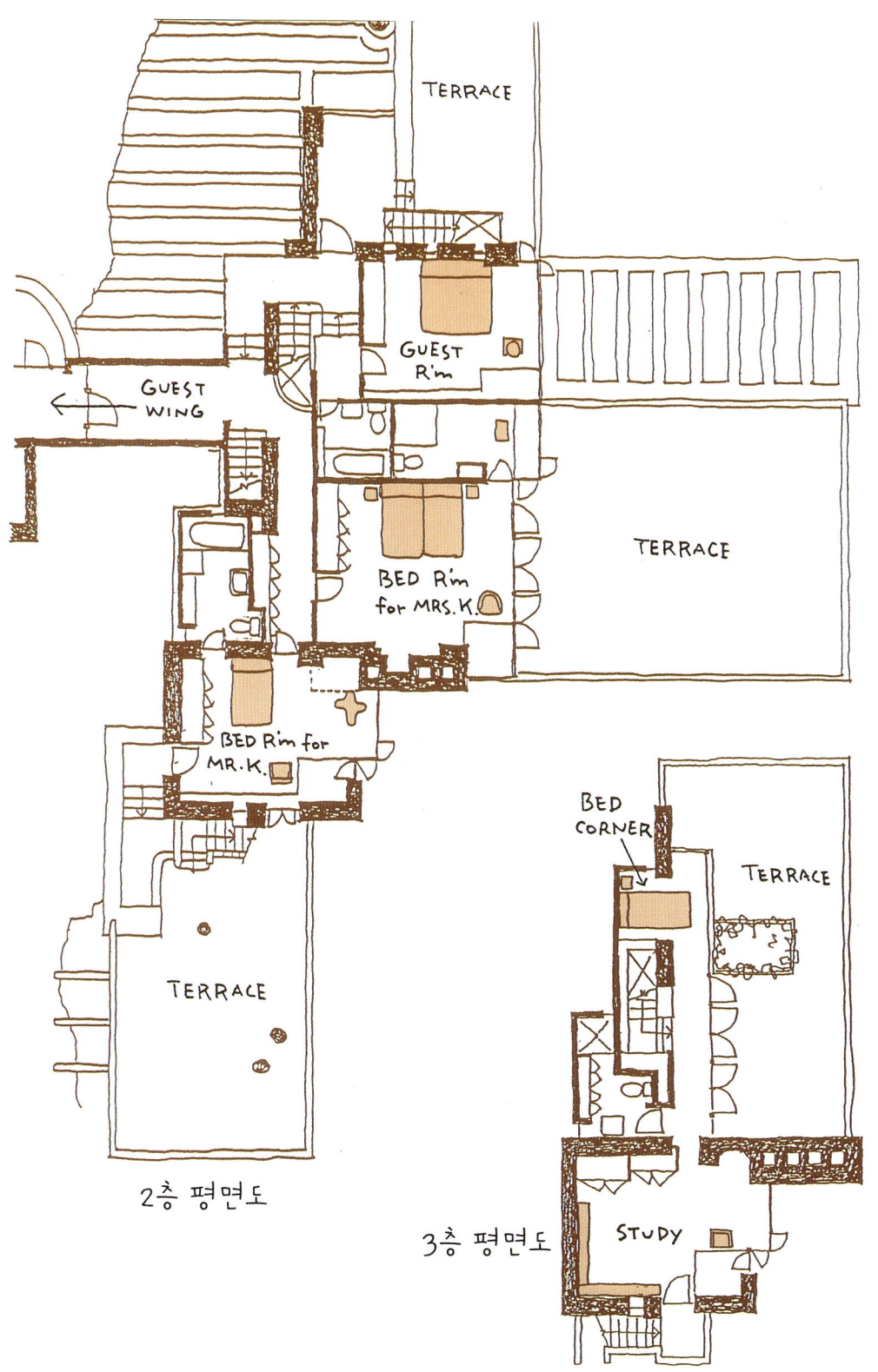

두꺼운 벽에 조용하지만 확고하게 깃들어 있는 듯한데, 여러분은 어떻습니까?

의뢰인 등장

라이트는 의뢰인에게 그의 설계를 설명할 때 항상 의뢰인의 입장에서 이야기했다고 합니다. 예를 들면 "에드가, 자네는 아침에 일어나면 여기에 딸린 계단을 내려가서 시원한 계곡에서 혼자서 수영을 할 수가 있지."라든가, "리리안, 당신은 이 발코니에서 폭포소리에 귀를 기울이면서 오후의 독서를 즐긴다면 어떻겠습니까?"라든가, "손님들은 당신 부부 둘이서 테라스에서 배웅하면 좋지 않겠어요?"라고 말하는 경향이 있었습니다.

카우프만의 침실 내에 있는 서재 코너. 만들어 설치한 책상의 상판은 구석에 설치된 창문의 개폐를 위해 모퉁이가 원형으로 4분의 1 정도 뚫려 있습니다. 여기서는 직각으로 개방되는 스틸 창문에도 주목해 주시길 바랍니다.

카우프만 부인의 침실에 있는 벽난로. 이 집은 부부 별도로 침실을 갖고 있는 것이 특징입니다. 카우프만은 코골기와 이갈기, 잠꼬대를 심하게 하는 사람 아니었을까요?

아들 카우프만 주니어가 자신이 결정한 조출하고 아담해서 편해 보이는, 아침햇살을 받는 침실. 원래는 그냥 내버려둔, 용도가 없는 공간이었습니다.

옷장 내부의 서랍식 선반. 습기가 많은 토양이므로 환기를 위해 선반은 네모 틀에 등나무를 엮어서 댔습니다. 문은 특제 합판을 가로로 사용하고 있습니다.

테라스 밑에 거실에서 직접 수변으로 내려갈 수 있는 계단이 보입니다. 라이트의 저력과도 같았던 캔틸레버도 60여 년을 거치면서 보수공사에 들어가게 되었습니다.

3층 테라스와 2층 테라스의 콘크리트 난간. 라이트는 이 난간 전체를 금박 마감으로 하고 싶었다고 하네요.

    건물에 생활에서 우러나오는 친숙한 느낌을 불어넣는 라이트의 이러한 이야기에서 카우프만 일가는 라이트에 대해서 특별한 친근감과 신뢰감을 품게 되었음에 틀림없을 것입니다.
    한편 서로 간에는 작은 대립도 있었습니다.
    "설계를 둘러싸고 라이트와 우리집 사이에서 일어난 이견들 중에 아마도 가장 격렬했던 것은 발코니의 난간 등 콘크리트 부분의 마감을

게스트 하우스로 건너가는 통로에 딸린 산뜻한 처마가 마음을 끄는군요. 이 조각적인 오브제와 같은 처마는 라이트의 조형적인 센스를 말해주고 있습니다.

어떻게 할 것인가에 관한 것이었습니다."라고, 카우프만 주니어는 반세기 이전에 오고갔던 사건에 대해 말하기 시작했습니다.

놀라운 것은, 그때 라이트는 내부든 외부든 모든 콘크리트 부분을 금박으로 마무리하고 싶어 했다는 점입니다. 라이트는 일본 여행에서 본 벽화의 금박이 가졌던 매력을 잊지 못해 이곳에 금박 마무리를 하고 싶었던 모양입니다. "운 좋게도 부잣집이라서······."라는 기분도 있었

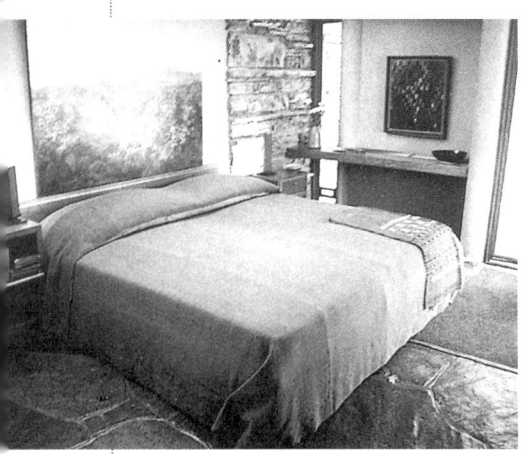

본채 뒤쪽의 높은 곳에 있는 게스트 하우스는 본채가 준공된 지 2년 후인 1939년에 완성되었습니다. 이전에는 이 장소에 간소한 작은 별장이 세워져 있었습니다. 건물의 일부는 주차장, 그 상부는 고용인의 방으로 되어 있습니다. 게스트 하우스의 면적은 약 16평으로, 거실과 침실, 욕실·화장실로 되어 있어 상당히 명쾌한 구성을 갖고 있습니다. 간단한 부엌만 있다면 그것만으로도 매력적인 작은 주택이 완성될 정도입니다. 침실로 이어지는 테라스에는 수영장까지 갖추고 있더군요.

어려운 본채 작업으로 기술자의 솜씨가 좋아진 것일까요? 게스트 하우스는 본채보다 훨씬 세련된 마감이었습니다. 그러나 아쉽게도 돌로 쌓은 벽 등 산장다운 야성미는 잃어버리고 있습니다.

게스트 하우스 평면도

BED R'm

LIVING ROOM

GARAGE

CAR

LAUNDRY

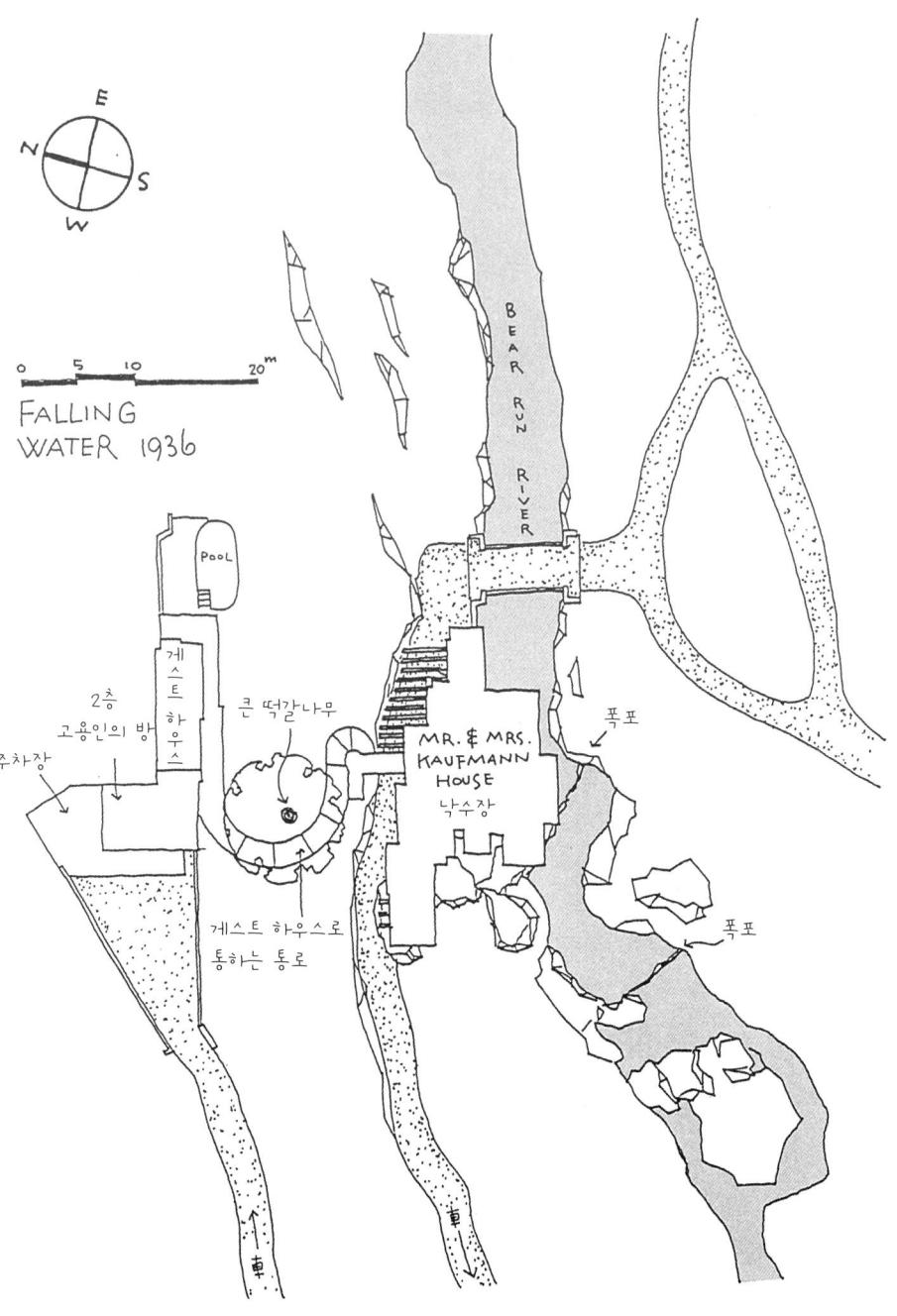

던 듯하구요. 그런데 카우프만 집안 사람들은 자신들의 별장을 소박하지는 않더라도 현란하게 하고 싶지는 않다는 마음이 있었고, 따라서 본질적으로 화려한 것을 좋아하는 라이트의 의견과 대립하게 되었다고 합니다. 긴박한 편지의 교환이 있었고 결국 라이트를 달래서 금박 마무리 계획은 중단하게 되었지만, 그때 카우프만 사람들이 가슴을 쓸어내리는 장면은 마치 눈앞에 보이는 듯 생생하게 떠오릅니다.

당시 카우프만은 상당히 뛰어난 건축적 감각을 소유하고 있었던 것 같은데, 「낙수장」에 대한 제안 등도 주눅 들지 않고 라이트에게 했다고 합니다. 예를 들면, 여닫지 못하게 끼워 넣은 유리가 틀도 없이 직접 돌로 쌓아올린 벽에 박히게 하는 아이디어나, 앞서 기술한 벽난로의 바닥에 그대로 자연의 바위가 노출되어도 좋다는 생각 등은 카우프만의 의견이 반영된 것이라 합니다. 이런 흥미 있는 이야기를 저는 「낙수장」을 방문했을 때 박물관 매점에서 구입한 비디오를 보고 알았습니다.

거기에는 귀중한 영상과 더불어 60년 전의 온화한 햇빛과 함께 카우프만 주니어나 당시 라이트의 제자들이 담소를 나누는, 밝은 웃음소리에 둘러싸인 암갈색의 에피소드가 수없이 많이 들어 있었습니다.

"TOWN HOUSE"
1950

필립 존슨 · 타운 하우스
미국 / 뉴욕 / 1950년

필립 존슨 Philip Johnson, 1906-2005

1906년 오하이오 주 클리블랜드에서 법률가 집안의 자녀로 태어났다. 하버드 대학에서 철학을 전공했으나 잡지 《크리에이티브 아츠 Creative Arts》의 편집자가 된 후 공교롭게도 헨리 러셀 히치코크의 근대건축에 관한 저서를 읽고 르 코르뷔지에, 발터 그로피우스, 미스 반 데어 로에 등의 이름을 접하게 된다. 1940년 하버드 대학의 건축과 대학원에서 미스 반 데어 로에의 지도를 받고 수료 후 건축설계사무소를 운영한다. 43세 때 그의 데뷔작인 「글라스 하우스 Glass House」를 발표한다.

그 후 눈부시게 스타일을 바꾸면서 항상 화제의 중심이 되는 작품들을 많이 발표하게 된다. 동시에 날카로운 건축 평론으로 미국 건축계의 독보적인 존재가 된다. 1950년대 미스 반 데어 로에의 강한 영향을 받고 모더니즘, 포스트모더니즘, 다시 안티포스트모더니즘으로 관심이 이동하는 것을 볼 때 건축가로서보다는 사상가로 기억될 수도 있겠다.

대표적인 작품으로는 「글라스 하우스」(1949), 「IDS Center(1968-73)」, 「AT&T 빌딩」(1984) 등이 있고, 대표적인 저서로는 『인터내셔널 스타일 International Style』(1932) 등이 있다.

Philip Johnson
Town House

괴물

필립 존슨은 2000년 현재 91세가 되는 건축계의 원로입니다(그는 2005년 사망했습니다). 수년 전부터 존슨의 건강상태가 많이 악화되었다든가 어려운 심장수술을 해서 위험한 상태에 처했다는 소문이 돌았지만 그때마다 그는 기적적으로 회복해 현역으로 복귀했습니다. 예를 들어 1999년 가을에는 매우 위독해 자택 인근에 24시간 구급차가 대기하고 있었다는 이야기까지 들렸지만, 그 후의 소문에 의하면 그 큰 환자가 완전히 원기를 회복해 맨해튼에 있는 사무실을 지팡이도 짚지 않고 정확한 걸음걸이로 돌아다녔다고 하네요.

어느 땐가 건축가들의 모임에서 제가 이런 이야기를 꺼내니, 존슨을 잘 안다고 하는 사람이 "그 사람은 불사신 같은 괴물이라서······."라고 말하면서 어깨를 으쓱해 보이더군요.

필립 존슨이라는 사람의 경력이나 업적을 돌아보고, 또 그를 이른바 상식의 틀에 구속받지 않는 조금은 남다른 성격과 성향을 갖고 있는 사람(그는 자기 자신을 〈괴짜 건축가eccentric architect〉라고 불렀답니다.)이라고 비추어 본다면, 〈괴물〉이라는 단어만큼 이 건축가에게 어울리는 또 다른 이름은 없을 것입니다. 그리고 필립 존슨을 말하면 그의 자택이기도 한 「글라스 하우스」를 제일 먼저 머리에 떠올리는 분들이 많을 겁니다. 존슨의 데뷔작이자 그를 일약 유명하게 만든 집인 「글라스 하우스」가 완성된 것은 1949년, 그의 나이 43세 때입니다.

여기서 필립 존슨의 경력을 간단히 소개해 보겠습니다. 존슨은 우선 하버드 대학에서 철학을 공부했고, 그 후 유럽으로 건너가 부유한 유학시절을 보낸 후, 귀국해서 뉴욕현대미술관의 학예원으로 일했습니다. 그러나 6년 후에 그 직책을 버리고, 건축 평론의 세계에서 건축 설계라는 실무 세계로 방향을 전환하기 위해 이번에는 하버드 대학의 건축과 대학원에 입학하게 됩니다. 존슨은 이때 자신이 거주하면서 학교에 통학하기 위한 주택을 설계하여 완성했는데, 교수들을 초대해서 그 집에서 칵테일파티 등을 열었다고 하네요. (이런 젊은 패기를 가진 학생을 가르치는 선생들은 오죽했겠습니까만.) 건축가가 되기 전까지 기묘한 행동을 많이 한 이러한 전력은 실제로는 경제적인 혜택을 받은 엘리트의 특권이었다고 말할 수도 있을 겁니다. 저명한 변호사를 아버지로 둔 부유한 가문 출신의 존슨은 돈 같은 것은 전혀 신경 쓸 필요가 없는 신분이었기에, 고의적으로 조금 멀리 우회하여 자신의 마음을 닦으면서 서서히 건축에 접근해 간 것이 아닐까 생각되는데, 여러분은 어떠세요?

이렇게 해서 건축가로서는 약간 늦게 시작한 것이 되었지만, 존슨은 「글라스 하우스」를 발표한 순간 세계 건축계의 선두집단, 그것도 선두주자의 위치에, 마치 그 자리가 자신을 위해 약속된 지정석이라도 되었던 양 유연히 떠올랐지요.

그 후 50년 동안 존슨은 항상 선두집단의 위치에, 항상 선두주자의 위치에 있으면서 건축계와 시대를 통째로 견인해 왔습니다.

그것만으로도 충분히 〈괴물〉이라는 이름의 가치가 있다고 생각되지만, 나아가 반세기에 걸친 그의 작품들을 자세히 살펴보면 먼저 그 숫자가 많다는 것에 압도되고, 그 건축의 규모와 용도의 다양함에 놀라고, 그 양식의 끊임없는 변신에 눈이 핑핑 돌 것 같은 생각이 들지 않을 수가 없습니다.

『인터내셔널 스타일』이라는 책을 출간하여 근대건축을 높이 치켜세우는 한편, 그것과는 다른 방향으로 등을 돌려 로맨티시즘의 경향을 가진 고전적인 건축에 빠지고, 현대의 테크놀로지를 구사한, 건물 전체를 유리로 시공한 거대한 교회 건물을 설계했는가 하면, 꼭대기에 화려한 장식을 붙인, 포스트모더니즘의 묘비와 같은 빌딩에 착수하는 등 변화무쌍한 그의 작품 경향과 본심은 일반인의 머리로는 도저히 측량하기가 불가능합니다.

건축가 이소자키磯崎新는 이러한 필립 존슨을 〈괴물〉이 아닌, 건축계의 〈어릿광대〉로 표현하고 있습니다.

소년의 몽상

필립 존슨의 자택인 「글라스 하우스」는 뉴욕 교외 뉴캐넌의 광대한 부지의 잔디 위에 아름다운 조각처럼 놓여져 있습니다. 수풀에 둘러싸인 부지에는 「글라스 하우스」이외에도 크고 작은 것을 합해 아홉 개의 건축물들이 있습니다.

"건축가는 실용적이지 않은 건축으로 최상의 작품을 만든다."라고 말한 존슨의 개인적인 비실용 건축 컬렉션이라고 할 수 있는 이러한 건축들을, 그는 자신의 건축적인 감흥에 의지한 채 50년의 세월과 막대한 비용을 들여서 지어 왔습니다. (건물을 지을 때마다 마음껏 대지를 구입했기 때문에 처음에 약 7천 평이었던 대지가 지금은 약 6만 평 정도에 이르는 넓이가 되었습니다.)

다행스럽게도 변화무쌍한 괴물도 이 저택의 대지 안에서는 〈나무 위의 오두막집〉에 마음을 빼앗긴 어린 소년의 천진난만한 모습을 잃지 않았는데, 따라서 저도 그 건축 하나하나에 담긴 순수한 건축적인 몽상에 공감하면서 그것을 음미하고, 그것을 마음으로부터 기뻐할 수 있게 되었습니다.

「글라스 하우스」에서 최근의 「비지터스 파빌리온Visitor's Pavilion」에 이르기까지 존슨의 빛나는 건축물들에 대해서는 언젠가 그곳을 직접 방문하여 제 눈으로 확인해볼 생각이지만, 이번에는 「글라스 하우스」와 거의 동시기에 맨해튼의 한가운데에 완성된 존슨의 또 하나의 주택 명작인 「타운 하우스」에 대해 말하고자 합니다.

이 집은 일반인에게는 존 D. 록펠러 1세 부인의 게스트 하우스로 알려졌습니다. 원래 록펠러 부인은 필요에 의해서 게스트 하우스를 원했다기보다는, 사실은 그녀의 자랑거리인 현대조각 컬렉션을 전시할 아름다운 공간을 원했다는 느낌이 듭니다. 존슨에게 이 작업을 의뢰하는 자리에서 그녀의 컬렉션 목록을 보여줬다는 점에서 그러한 사실을 엿볼 수 있지요.

그리고 의뢰를 받은 존슨은 건물 사이에 있는 낡은 마차의 차고 벽만을 남겨놓고 전면적인 개조 작업에 착수해 탁월한 현대적인 감각으로 도시적인 코트 하우스를 만들어냈습니다.

마차의 차고였던 곳

필립 존슨은 어느 인터뷰에서 답하기를, "나는 내가 설계하는 건물을 〈외부로 향하는 건축〉과 〈내부로 향하는 건축〉으로 나누고 있습니다."

양측의 특색 없는 건물 사이에 끼어 있는 「타운 하우스」의 외관. 보통의 옷차림을 한 사람들 사이에 옷을 못 입은 사람이 한 명 섞여 있는 듯한 인상입니다. 자칫 그냥 지나쳐 버릴 수도 있을 듯합니다.

163 타운 하우스

명확한 대칭의 정면 중심에 키가 큰 오크로 만든 문이 하나 있습니다. 도대체 어떤 사람들이, 얼마만큼의 사람들이 이 문에서 내부의 별천지로 초대받을 수 있었을까요?

라고 말했습니다. 그 분류법에 따르면「글라스 하우스」는 외부로 향하는 건축에 속하고,「타운 하우스」는 분명히 내부로 향하는 건축에 속합니다.

맨해튼 중심부에 있는「타운 하우스」는 뉴욕현대미술관에서 걸어서 10분 정도 소요됩니다. 양쪽이 높은 건축물에 둘러싸여 있고, 낮게 만든 이 집의 남쪽 부분만이 도로에 접해 있습니다. 그것만이「타운 하우스」의 외부입니다. 즉, 이 건물에는 입체적인 외관다운 외관이 없습니다.

그 파사드(건물의 정면)는 상부에 해당되는 5분의 3이 유리면으로, 하부에 해당하는 5분의 2가 벽돌벽으로 분할되어 있는데, 벽돌벽의 중

현관문의 상부. 아주 세세한 부분에까지 존슨의 손길이 미치고 있어 빈틈도 없고 실수도 없습니다. 상부에 설치된 폭 6센티미터 정도의 조명기구가 야간의 방문자를 위해 나무문을 부드럽게 비추고 있습니다.

심에 폭 1미터, 높이 2.7미터의 고급스런 나무문이 있습니다. 가까이 가서 자세히 보면 벽돌의 벽면이나 대형 유리면을 가는 선으로 두른 철골의 디테일에도, 현관 문틀의 상부에 나 있는 작은 틈새에 설치된 조명 박스에도 섬세한 손길이 닿아 있어 이 집이 평범하지 않음을 알 수 있습니다.

그러나 우연히 지나가면서 본다고 한다면, 이 집 외관은 너무나 쌀쌀맞고 또한 정감이 안 가는 표정을 하고 있습니다. 하지만 이것도 존슨의 설계 의도를 반영한 것입니다. 오크oak로 된 나무문을 밀어서 열면 그 안에는 전혀 다른 별천지 세계가 기다리고 있기 때문이죠.

*

드디어 〈내부로 향하는 건축〉의 그 내부가 나타납니다.

본래 마차의 차고였던 그 공간은 전면 폭이 7.5미터, 안쪽으로는 30미터나 들어가는 좁고 긴 직사각형으로, 앞에서도 언급했듯이 양쪽 면이 이웃 건물들에 의해 좁게 둘러싸여 있습니다. 일반적으로 정면 폭이 좁고 안쪽으로 깊이 들어간 건물은 일조와 채광, 통풍을 확보하기가 어려워 거주성을 높이기 위해서는 새로운 방안을 모색하는 것이 필요합니다. 그리고 이 문제는 동서고금을 막론하고 마치 합의된 듯한 공통의 해결법을 갖고 있죠. 즉, 〈중정〉입니다. 일반적인 집에서 중정이라는 수법은 탁월한 효력을 발휘하고 있지요.

물론 존슨도 「타운 하우스」에서 그 중정의 수법을 채용했습니다. 먼저 직사각형의 대지를 대·중·소로 3분할하여 중간 부분에 얕은 물을 담은 중정을 설치하고, 그 앞에 거실·식당을 배치하고, 안쪽을 침실 부분으로 나누었습니다.

그러고 나서 존슨이 한 것은 마차의 차고로 이용되었을 때부터 양측에 있던 벽돌을 하얗게 도장해서 그대로 내벽으로 사용하게 한 것, 지하실과 2층을 설치한 것, 거실 벽의 일부에 옛날 벽과 같은 질감의 벽돌로 벽난로를 만든 것, 얽혀 있는 조명을 눈에 띄지 않게 설치한 것, 특별히 디자인한 가구를 배치하고 적당한 곳에 여러 조각 작품들을 둔 것, 잘 선택된 현대회화를 벽에 장식한 것뿐입니다.

결국, 이 집에서 한 것이라고는 단지 그것뿐이었습니다.

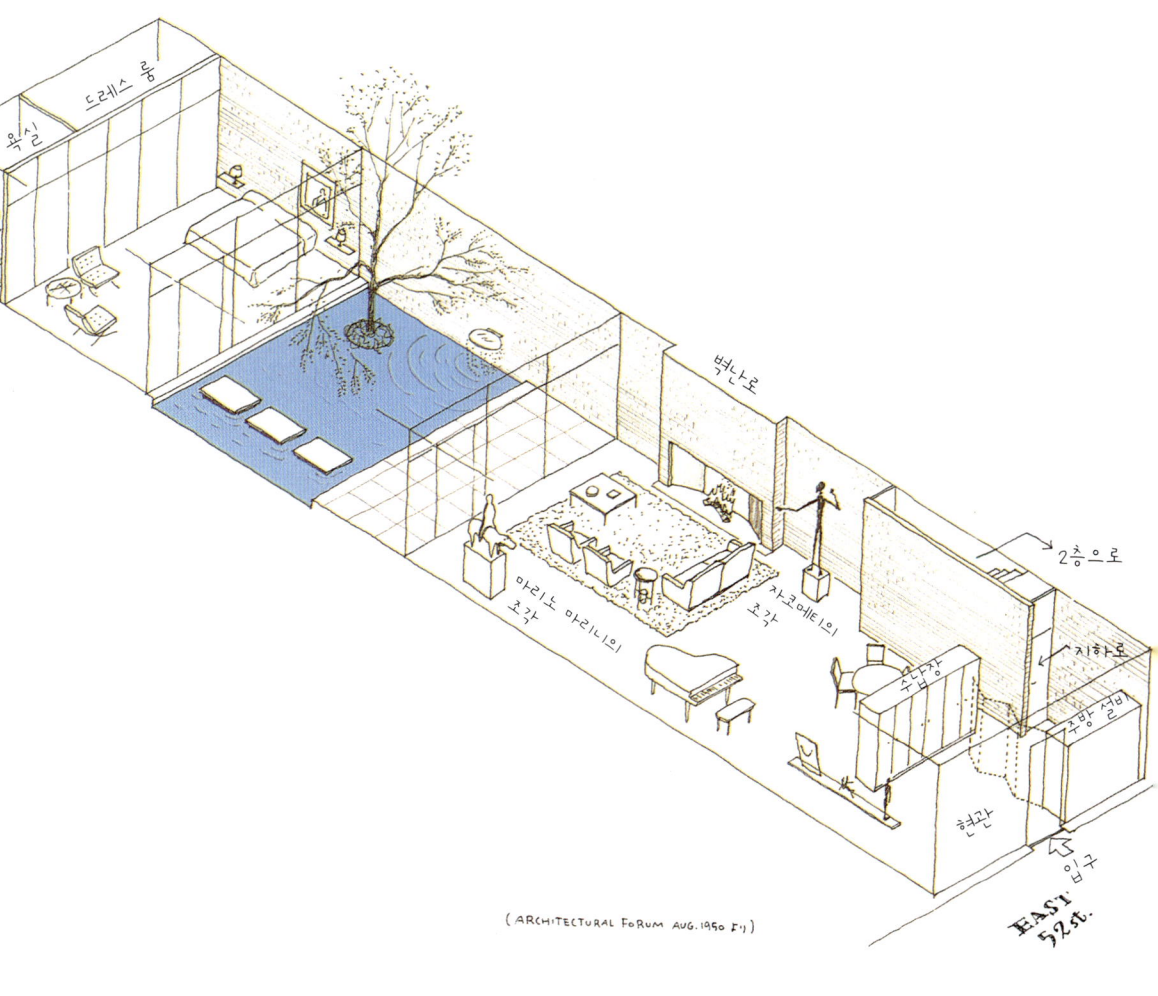

(ARCHITECTURAL FORUM AUG.1950 드시)

완성 당시의 「타운 하우스」 가구 배치 모습

집이 거실과 중정, 침실로 3분할 되어 있어
잠을 자러 가기 위해서는 중정의 연못 위의 돌을 밟고
지나가야 한다는 것이 꽤나 동화적으로 느껴집니다.

167 타운 하우스

그러나 얼마나 효과적이고, 얼마나 세련되고, 얼마나 재치에 넘치는 〈단지 그것뿐〉이었을까요! 이 집은 〈단지 그것뿐〉으로 주택의 역사에서 빛나는 걸작이 되었습니다.

금세기 초의 건축가, 에리히 멘델존 Erich Mendelsohn은 "건축가는 원룸의 건축을 통해 기억된다."라고 하는 함축성 있는 말을 남기고 있는데, 솔직히 저는 필립 존슨이라는 건축가를 원룸의 대표선수 격인 「글라스 하우스」와 「타운 하우스」, 이 두 개의 건축으로 명확하게 기억하고 있습니다.

장식과 연가

「타운 하우스」는 완성되고 나서 지금까지 몇 번이나 주인이 바뀌었습니다. 당시의 존 D. 록펠러 부부는 그 공간을 8년에 걸쳐 진정으로 아끼고 사랑한 후에, 이 집을 뉴욕현대미술관에(아마도 컬렉션 조각과 함께) 기부했습니다. 그 후 이유는 알 수 없지만 미술관은 이 집을 매각해 한때 존슨 자신이 파트너인 데이비드 휘드니와 같이 지내기 위해 이곳을 빌리기도 했지요.

현재의 주인은 그림을 판매하는 영국인 안소니 도페라는 사람으로, 실제로 이번 순례는 친구를 통해서 소개받은 뉴욕에 거주하는 야스다가 종종 도페와 동업을 했던 구면인 관계로 운 좋게 실현될 수 있었다

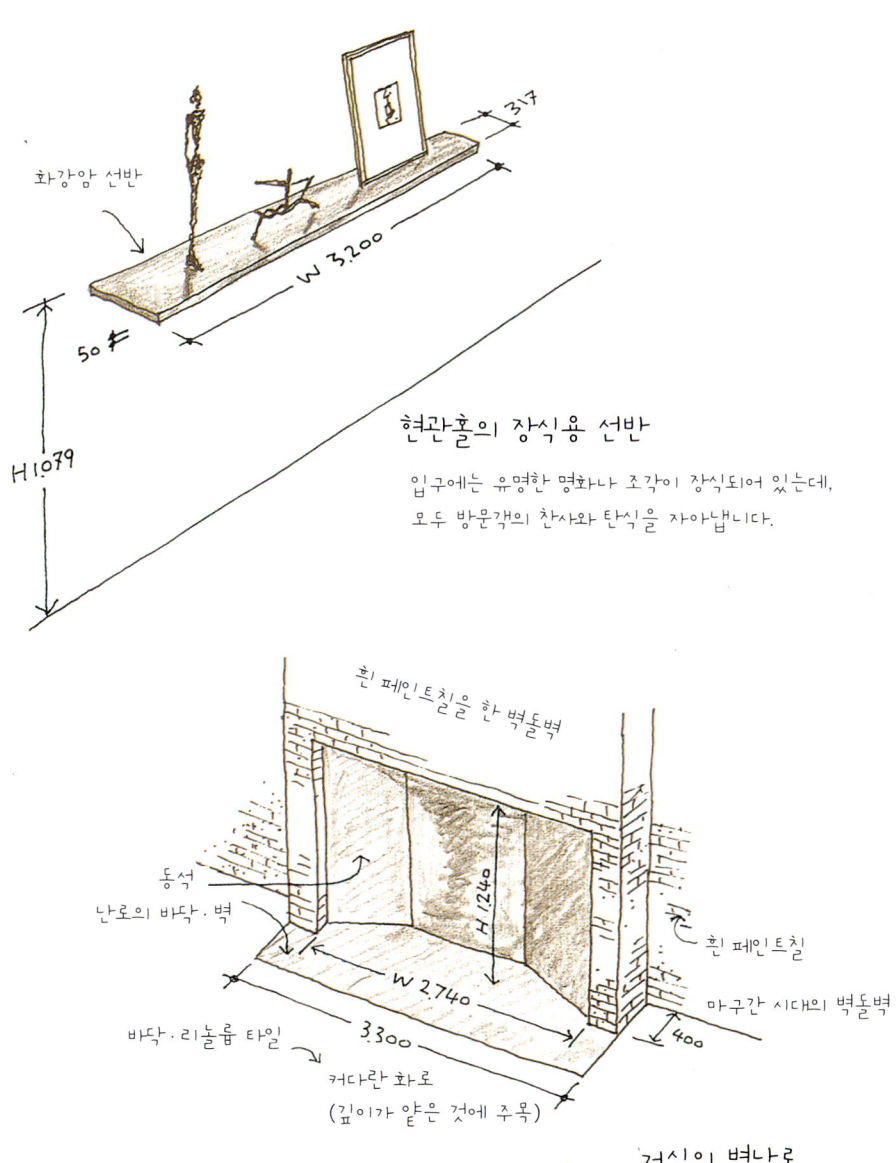

현관홀의 장식용 선반

입구에는 유명한 명화나 조각이 장식되어 있는데, 모두 방문객의 찬사와 탄식을 자아냅니다.

거실의 벽난로

는 것을 여러분께 말해 두고자 합니다.

안소니 도페는 이곳을 비공개의 사적인 갤러리 겸 오피스로 사용하고 있습니다. 바닥, 벽, 천장 등은 흰색을 기조로 한, 두부를 잘라낸 듯한 간결한 박스형의 공간이므로 원래는 집이라기보다는 갤러리 같은 공간이었습니다. 결국 갤러리에 안성맞춤인 전용 공간으로, 이 건물의 역사를 모르는 사람이 본다면 이곳이 거주를 위한 집으로 만든 장소라고는 전혀 생각하지 못할 겁니다.

실내로 발을 옮기면, 그 내부 공간은 방문자를 크게 감싸 안는 힘을 갖고 있는 것처럼 느껴집니다. 천장은 제가 막연히 예상하고 있었던 것보다 훨씬 높아 내부 폭의 절반 정도인 3.6미터의 높이를 가지고 있었습니다.

한정된 대지를 꽉 채운 건물에서 건물의 폭과 깊이는 자연적으로 결정되므로 설계에서 결정해야 할 치수는 천장 높이뿐이지요.

많은 사람들과 어울리는 파티나 전시되는 조각품들도 고려했겠지만, 이 집의 천장 높이는 이론만으로 밀고 나가지 않고 직감에 의해 결정되어진 것 같은 느낌이 듭니다. 특별한 근거는 없는, 단지 저의 직감에 의한 것이지만 적당한 천장 높이가 이 집을 안락하게 만드는 요인이라고 느꼈기 때문입니다. 건축가인 저는 집 안의 안락한 느낌은 동물적인 감각에 의해서만 만들어진다는 사실을 절실히 깨닫고 있습니다. 갤러리로 사용되고 있는 현재, 실내에는 간소한 테이블과 의자 정도만 있을 뿐 가구다운 가구는 없고 구석구석에 모던 아트의 오브제라고 생각되는 것들이 많이 전시되어 있습니다.

거실의 벽난로 앞에 서서 현관 쪽을 보았습니다. 수납장이 현관의 가림벽이 되고 있으며, 선반과 계단의 벽이나 화강암으로 만든 테이블이 〈어긋나게〉 배치되어 있는 모습을 볼 수 있습니다.

 이런 얼마간의 내부 풍경에서 느껴지는 실내 분위기는 오히려 건축의 공간 구성을 명확하게 보여주고 있는 것이라고 저는 생각했습니다. 쓸데없는 잡동사니가 없으므로 그 공간에 머무는 사람은 그저 그곳에 있는 아름답고도 공허한 분위기와, 그곳에 깃든 건축의 정신을 똑바로 마주하게 되는 것이지요.
 저는 머릿속으로 이 텅 빈 실내에 당시의 사진을 통해 본 적이 있는 가구를 하나하나 배치하고, 조각품을 놓고, 꽃을 꽂고는, 사람들이 담소를 나누는 소리와 유리잔을 부딪치며 파티를 즐기는 모습을 상상해 보았습니다. 그러자 실내는 순식간에 숨을 쉬는 듯 생명의 화색이 다가오는 것처럼 느껴졌습니다.

제가 상상 속에서 한 이러한 작업은 결국 〈장식〉이라는 작업입니다. 장식만큼이나 건축가와 건축주가 갖고 있는 쌍방의 센스가 여실히 드러나는 작업도 없습니다. 「타운 하우스」의 건축주와 건축가의 관계는 또한 연가連歌의 세계에 필요한 〈어울림〉과도 비슷한지도 모르겠습니다. 존슨이 마련한 텅 빈 공간은 시발점이며, 그 장식은 향신료였던 것이지요. 존슨은 건축이나 예술의 언어로 건축주인 록펠러 부인과 지적이며 감각적인 연가를 즐길 계획이었던 셈이지요. 이 집에서 장식이나 어울림이라는 동양적인 단어가 연상되는 것은 단순한 억지는 아닙니다. 실제로 이 집의 건축 기법의 배경에는 이상하리만큼 동양적인 영향이 느껴지거든요.

예를 들어 현관홀로 들어서면 왼쪽에 있는 검은 화강암의 선반은 벽에 매달려 있으며, 천장에서 내려비추는 다운라이트의 빛을 확산시키는 루버 패널은 일본의 전통 화로 위에 놓은 선반의 변형인 듯 보였습니다. 그리고 그 중에서도 가장 동양적으로 느껴진 것은, 중정의 연못에 면한 테라스의 처마 밑에 있는 공간입니다. 조용하게 뿜어져 나오는 분수의 물소리를 들으면서, 그 신비한 밝음 속에 잠시 멈춰 서서 쥐엄나무의 나뭇잎이 소리도 없이 바람에 살랑거리는 것을 보고 있노라면, 왠지 제 자신이 선사의 툇마루에서 그 정원을 바라보고 있는 것 같은 불가사의한 착각에 빠져드는 것 같습니다.

필립 존슨

연못을 건너

이 집에는 놀랄 만큼 교묘하고도 매력적인 건축적 아이디어가 곳곳에 담겨 있습니다. 예를 들어 현관홀과 거실을 구획하면서 동시에 시선 차단을 겸하고 있는 높이 2.1미터의 칸막이용 수납장은 현관문을 열었을 때 도로에서 실내가 보이지 않게 함과 동시에, 주방 설비의 접이문을 전부 펼쳤을 때 독립된 공간을 만들어내는 벽 역할을 하도록 되어 있습니다. (유감스럽게도 지금은 그 주방 설비가 분리되어 지하실로 옮겨졌습니다.) 이 수납장과 접이문 때문에 방문객은 주방의 존재를 느끼지 않고 거실 공간으로 얼떨결에 이동하게 되는 구조입니다.

현관홀과 거실을 구획하는, 시선 차단을 겸한 수납장. 높이가 2.1미터에 그치므로 공간이 시각적으로도, 의식적으로도 연결되고 있습니다. 오른쪽의 틈새가 식당으로 향하는 보조 통로입니다.

수납장은 원래 손님들의 코트를 넣어두는 옷장이었으나 현재는 파티용 소형 찬장으로 사용되고 있습니다.

거실에서 침실 쪽을 봅니다. 터널과 같은 공간의 한가운데 만든 중정이 채광과 통풍에 어느 정도 도움이 되는지 이 사진에서 알 수 있을 겁니다.

침실로의 접근 방법 또한 특별히 언급할 만한 가치가 있습니다. 침실에는 중정의 연못 속에 고정된 징검돌을 밟고 들어가는데, 이러한 환상적이고 탁월한 아이디어를 어떻게 글로 다 표현할 수 있을까요. 이렇게 하여 거실과 침실 사이에 심리적으로 충분한 거리가 생겨 사생활

침실에서 중정의 연못 건너편으로 거실을 바라봅니다. 오른쪽에 테라스의 마루와 같은 높이로 만든 징검돌이 있으며 벽에는 담쟁이가 자라고 있습니다. 밝고도 쾌청한 분위기를 주고 있더군요.

을 철저히 보호할 수도 있게 되었습니다.

　무엇보다도 집 안에 별장을 가지고 있고, 연못을 건너 그곳으로 잠을 자러 간다고 하는 동화 같은 취향은 기억 저편에 잠들어 있는 어린 아이와 같은 동심을 보는 듯해 흐뭇하기까지 하더군요.

더욱 깊이 제 마음에 와 닿은 것은 그 징검돌 밑에 밤에 수면을 비추는 조명이 시공되어 있었던 것입니다. "이런 것까지……!"라며 감탄사를 자아내지 않을 수가 없었지요.

*

이 집을 한마디로 표현하는 것은 도저히 불가능하지만, 내부를 돌아다니는 동안 제 가슴속에는 〈세련〉, 〈우아〉, 〈순수〉, 거기에다 〈사치〉라고 하는 언어들이 연상되었습니다. 물론 이런 단어들을 신중하게 사용하지 않으면 이 집의 본질이 독자 여러분에게 제대로 전해지지 않을 것 같은 생각도 들었습니다. 아무쪼록 이 단어들을 마음에 담아 사진과 평면도를 봐주시길 바랍니다.

이 집은 건축이 건축이기 위해 불가결한 요소를 최소한으로 하고, 게다가 그 요소들은 군더더기 없이 정렬되어 있었습니다. 없었던 것은 〈천함〉과 〈무작위〉, 그리고 〈촌스러움〉이었다는 사실을 덧붙여 두고 싶네요.

그 안에 몸을 두는 것

「타운 하우스」를 순례하는 동안 저의 귓전에는 일찍이 필립 존슨의 작품집에서 읽은 그의 글귀가 들려 왔습니다.

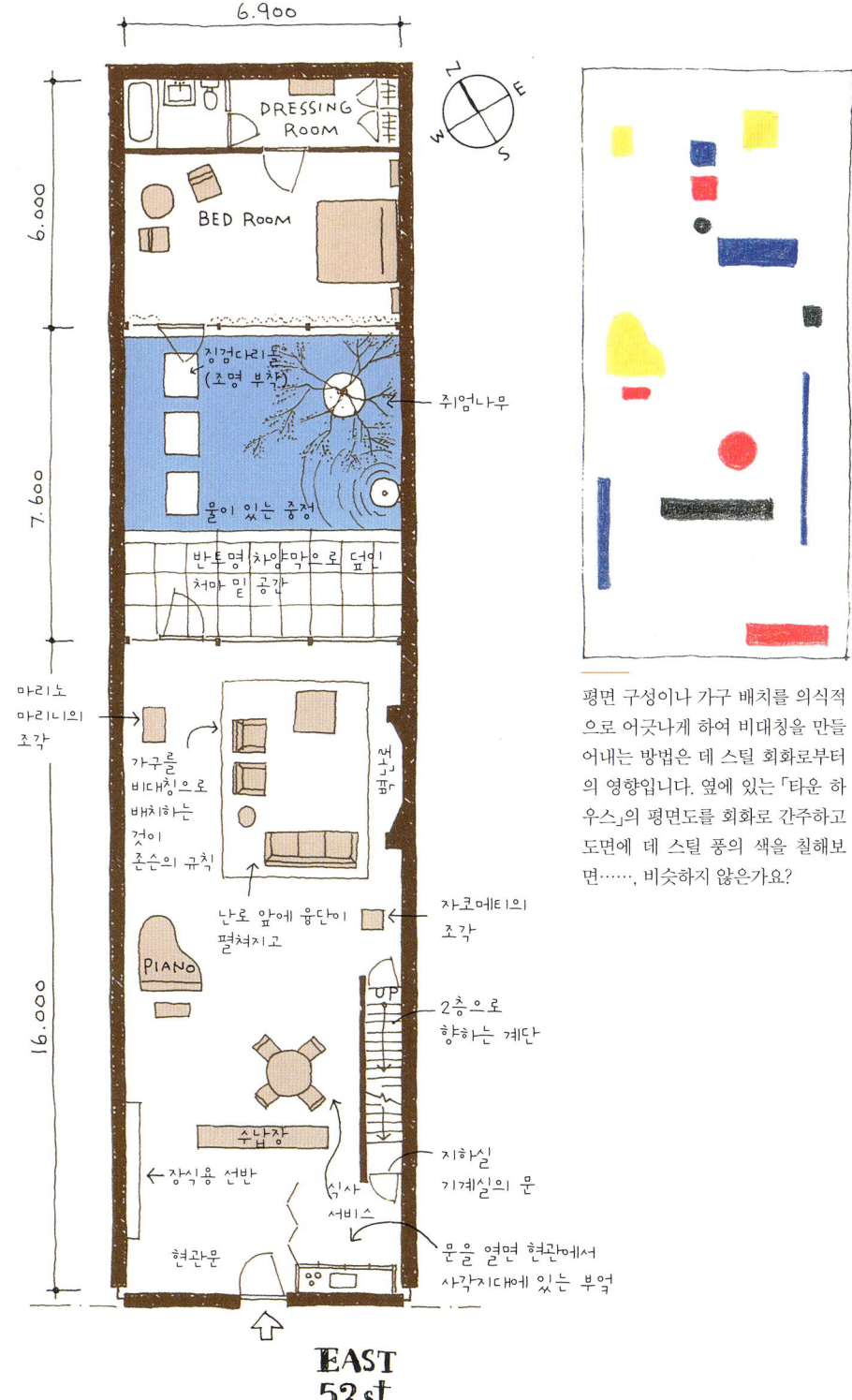

평면 구성이나 가구 배치를 의식적으로 어긋나게 하여 비대칭을 만들어내는 방법은 데 스틸 회화로부터의 영향입니다. 옆에 있는 「타운 하우스」의 평면도를 회화로 간주하고 도면에 데 스틸 풍의 색을 칠해보면……, 비슷하지 않은가요?

"나는, 나의 예술에 오직 하나 위대한 분야가 있다는 사실을 깨달았다. 그것은 사람을 위한 집이다."

"주택을 기능적으로 잘 활용하기 위한 조치가 미적인 창의를 능가해 버린다면, 그것은 이미 건축이 아니다. 그것은 단지 유용한 부분을 끌어다 모은 것에 지나지 않는다."

"좋은 건축은 돈을 필요로 한다. 문화라고 하는 것은 돈을 들인 건축에 의해 기억되는 것이다."

"건축은 음악과 마찬가지로 마음속에서부터 솟구치는 것이 아니면 안 된다."

그리고 "건축을 배우는 유일한 방법은 직접 찾아가서 그 건축 속에 몸을 두는 것이다."라고 하는 글귀. 저는 그 귀중한 충고를 그대로 따라하게 되었는데, 지금 그런 충고를 한 장본인이 설계한 건물 안에 몸을 두고 있는 인연을 생각하면 이러한 경험은 저에게는 더없이 소중한 것이 됩니다.

FLY ME TO THE MOON

취재가 일단락된 날 밤, 무심코 올려다본 밤하늘에는 달이 유난히 밝게 비추고 있었지요. 호텔 창문에서 혼자 보기에는 아까울 정도로 훌륭한 중추절의 명월이었습니다. 돌연, 계시를 받은 것같이 그날은 금

이 집은 조각이나 회화와 함께 거주하기 위해 설계된 집입니다. 당연히 예술이 어울립니다. 침실에는 리트벨트의 가구에서 영향을 받은 도널드 저드의 책상과 의자가 놓여 있네요.

요일로, 뉴욕현대미술관에서 재즈 연주를 듣기로 한 〈Jazz at MOMA〉의 날인 것이 떠올랐습니다.

이런 곳에서 한가하게 달을 감상할 여유가 없다는 것을 깨닫고 나서는 한 잔의 술을 들이킨 후 조급한 마음으로 택시를 잡아타고 다급하게 달려갔습니다. 마천루의 밀림이라고도 할 수 있는 도시에 살고 있는 뉴욕 사람들에게 오아시스와 같은 휴식의 장소인 동시에 정적인 시간을 제공하고 있는 뉴욕현대미술관의 중정도 실은 필립 존슨의 설계인데, 그 중정에 면한 가든 카페가 오늘밤 재즈 나이트의 연회장입니다. 입구 부근에는 술병을 나열한 임시 카운터가 설치되어 있어 완벽한 주말의 재즈 기분을 내고 있었습니다.

달밤에 어울리게 선곡한 것으로 생각되는데, 그날 밤의 연주는 「나를 달로 날아가게 해줘요 Fly me to the moon」라는 곡으로 경쾌하게 시작되었습니다. (재즈를 연주하는 사람도 상당히 멋있었습니다.)

연못에 면한 테라스. 우윳빛 유리지붕이 덮인 처마 공간이 주는 좋은 기분은 사진이나 도면에서는 전혀 상상할 수 없었습니다. 더운 여름밤에는 처마 끝에서 인공비를 내리게 하고 그곳에 조명을 비춰 즐겼다고 하네요.

정원 쪽에 자리를 잡고 달빛과 모던 재즈의 경쾌한 소리를 동시에 누리고 있노라니,「타운 하우스」의 중정에 스며드는 달빛과, 잔잔히 물결치는 연못의 수면에 흔들거리는 달그림자와, 또 그곳에서 열린 우아한 파티의 풍경 등이 제 의지와는 상관없이 머릿속에 연상되었습니다.

「타운 하우스」순례에서 저는 중정의 연못에 반사되는 태양빛의 반짝거림에 눈과 마음을 빼앗겼고, 또한 하얗게 채색된 벽돌벽에 반사되어 나오는 흰색에서 회색에 이르는 아름답고 섬세한 자연광의 변화를 마음껏 만끽할 수 있었습니다.

그러나 제가 방문한 시간이 낮이었던 탓에 면밀한 계획을 바탕으로 한 〈밤의 조명〉이 자아내는, 〈낮의 자연광〉과는 다른, 밤의 독특한 분위기는 경험할 수 없었습니다.

개성이 지나치게 두드러지지 않도록 배려를 하면서, 하지만 얽히고 설킨 조명에 의해 밤의「타운 하우스」의 실내는 얼마나 매혹적인 표정을 보여줄까요? 징검돌의 조명은 또 어떤 환상적인 효과를 낼까요?

조명 효과의 극대화를 목표로 한「타운 하우스」는 〈밤을 위해 설계된 집〉이기도 했습니다.

〈낮〉과 〈밤〉이라고 하는 대칭된 단어에서, 일순간 미켈란젤로가 메디치 가문의 예배당에 두기 위해 제작한 한 쌍의 조각「낮과 밤」의 환상이 마치 영화의 플래시백과 같이 제 뇌리를 스쳐 지나갔습니다.

"그렇구나! 내력을 좋아하는 존슨은 아마도 20세기의 메디치 가문인 록펠러 가문을 위해「낮과 밤」이라는 이름의 집을 지으려고 의도했던 것이구나!"

중정을 보다가 잠깐 눈을 올려보면 이곳이 빌딩 사이였다는 것을 새삼스레 알 수 있습니다. 다갈색의 벽돌, 그 벽면에 설치된 철골 계단 등, 이곳은 뉴욕의 한가운데였습니다.

일순간의 깨달음에 생각지도 않게 얼굴에 화기가 돌기 시작했습니다.

그러나……, 갑자기 떠오른 이 가설이 옳다면 낮에만 방문했던 저는 결국 건물을 절반밖에 보지 못하는 돌이킬 수 없는 실수를 저지른 셈이 됩니다.

"아! 아……."

철골 계단을 올라가 2층의 지붕에서 바라본 모습입니다. 빌딩의 협곡 속에 만든 집, 그 안에 만든 작은 정원, 그리고 그 안에 담겨진 주옥 같은 아이디어. 이 집은 〈겹겹이 만든 상자〉와 같이 되어 있네요.

그때의 기분은 정말이지 속상하기 그지없었습니다. 하지만 새삼스럽게 후회해도 어쩔 수가 없었지요.

"결국 한 번 더 순례를 오기 위한 구실이 생겼구나."라며, 저는 제 자신의 잘못을 관대하게 용서하고 머리를 한 번 흔들고 나서는 한창 달아오른 연주에 귀를 기울였습니다.

"KOE TALO" 1953

알바 알토 · 코에타로
핀란드 / 무라살로 / 1953년

알바 알토 Alvar Aalto, 1898-1976

1898년 핀란드 세이나요키 근처에서 출생했다. 1921년 지그르트 프로스테루스 교수의 지도를 받고 헬싱키 공과대학 건축과를 졸업했으며, 1923년 유바스쿨라에 사무소를 개설하고 많은 설계 공모전에 의욕적으로 참가하면서 다수의 수상경력을 일궈냈다. 1927년에는 네 번의 공모전에서 두 번이나 1등으로 당선되기도 했다. 이후 몇 년간 핀란드 내 주요 공모전에서 거의 상을 휩쓸게 되는데, 대부분 신고전주의와 당시 주목을 받고 있던 르 코르뷔지에로부터 영향을 받은 것이다. 그 결과 1928년 핀란드 기능주의의 시초라 할 수 있는 「비퓨리 도서관」과 「파이미오의 세나토리엄」 공모전에서도 당선을 하게 된다.

알바 알토의 작품 경향으로 볼 수 있는 목재의 사용, 자유 곡선(물결 모양), 세로창, 세로 줄무늬, 종탑, 높이 낸 창문 등은 핀란드 곳곳에 펼쳐져 있는 자연(침엽수, 호수 등), 북구의 추운 날씨와 백야 등이 디자인 모티브로 작용한 것이다. 이 외 그의 작품 영역은 크게는 도시계획에서 작게는 하얀색을 사용한 가구, 조명기구, 유리를 이용한 디자인까지 매우 다양하다.

대표 작품으로는 「파이미오의 세나토리엄」(1933), 「마이레아 주택」(1939), 「세이나스타로」(1952), 「핀란디아 콘서트 홀」(1971), 「알바 알토 미술관」(1973) 등이 있다.

Alvar Aalto
Muuratsalo Koetalo

백야白夜

언제부터인가 〈백야〉라는 말에 대해 동경과 같은 환상을 갖게 되었습니다.

낮은 각도의 태양광이 침엽수의 숲에 스며들어 아주 긴 그물 모양의 수목의 그늘을 지면에 떨어뜨리면 써늘하고도 고요한 밤이 됩니다. 가와바타川端康成의 그 유명한 "밤의 저편이 하얗게 되었다."라는 글귀에서, 저는 설국雪國보다는 오히려 북유럽의 여름밤 하늘을 떠올렸습니다. 그런 연유로 언젠가 북유럽에 가게 된다면 반드시 백야를 체험할 수 있는 하지에 가까운 날에 가려고 혼자 마음속으로 다짐을 했는데, 이번 초여름에 핀란드를 가게 되어 드디어 그 꿈을 실현시킬 수 있게 되었습니다.

밤 10시 30분. 헬싱키 중앙역을 출발해 2시간 반 동안 특급열차는 그 백야의 속을 들어가고, 산림의 속을 빠져나오고, 호수를 건너고, 목초지에서 풀을 먹는 소들을 보면서, 핀란드 중부 도시인 유바스쿨라를 향해 오로지 달리고 달렸습니다. 일본을 출발하기 전부터 파리에서의 비행기 환승시간도 고려해 가면서, 처음부터 최종 목적지까지는 밤기차로 이동할 수 있게끔 계획을 짜두었습니다. 그렇게 해서 여기까지는 계획대로 순조로웠지요. 그런데…….

서늘하게 느껴져야 할 백야가 백 몇 년 만의 이상기후 탓으로 믿을 수 없을 정도로 굉장히 더웠습니다. 언제까지나 지지 않는 태양은 서쪽의 강렬한 햇빛으로 사정없이 열차 안을 비추고 있었으며, 창문을 열어서 바람이라도 들어오게 하려 했지만 북유럽식 열차의 실내창은 아주 조금밖에 열리지 않아 기차 안은 증기목욕탕, 즉 〈특급사우나열차〉였습니다. 조금 전까지만 해도 손수건이나 잡지로 부채질하고 있던 다른 승객들도 지금은 그럴 기력도 없이 녹초가 되어 막막한 눈초리로 좌석에 힘없이 앉아 있습니다. 그 모습을 곁눈으로 보고 있는 저도, 실제로는 예측불허의 상태입니다. 나리타 공항을 출발한 지 벌써 28시간이 지났고, 피곤한 몸은 조금 전부터 침대와 부드러운 베개를 계속 그리워하고 있고, 옷차림에 상관없이 옆으로 누워 잠을 청하지만 잠 또한 오질 않습니다. 차가운 맥주(벌써 네 병째네요.)를 실은 손수레를 밀며 지나가는, 볼에 솜털이 나 있어 흰 복숭아를 꼭 닮은 듯한 얼굴을 한 여자판매원이 빨리 와 이 급박한 상황에서 벗어날 수 있도록, 저는 기도하는 마음으로 간절히, 또 간절히 기다렸습니다.

여행하는 사람에게 있어 생활의 지혜 혹은 생존본능이라고 할까요. 피로와 열대백야를 벗어나기 위해서는 핀란드산 맥주인 코프KÖFF만이 도움이 된다는 사실을 사고능력이 저하된 머리보다 제 몸이 더 잘 알고 있었습니다.

집을, 실험하다

북유럽 여행 목적이 물론 백야 때문만은 아니었습니다. 핀란드가 탄생시킨 위대한 건축가 알바 알토의 여름별장 「코에타로」를 견학하는 것이 이번 여행의 최대 목적이었습니다.

열대백야에서 하룻밤을 지새운 이튿날, 변함없이 찌는 듯한 날씨 속에서 저는 유바스쿨라에서 조금 떨어져 있는 알바 알토의 박물관을 방문했습니다.

그곳과 관련해서는 작년 여름에 취재를 위해 이탈리아까지 갔으나 연락이 안 된 관계로 헛걸음쳤던 쓰라린 경험이 있었습니다. 그래서 이번에는 같은 실수를 하지 않으려고 신중에 또 신중을 거듭하여, 일본에서 전화와 팩스로 박물관 관리자인 라우라 루오티넨이라고 하는 여성에게 면회와 취재 약속을 받아냈지요. 약속시간보다 약간 빨리 도착했기 때문에 카운터에 방문 목적을 말하고 박물관을 한 바퀴 둘러보았습니다.

이 박물관은 실제로는 알토의 후기 작품으로, 외관도 내부도 모두 흰색을 기조로 한 깔끔하고 밝은 건물입니다. 그러나 솔직한 소감을 말하자면, 건축물이 너무 산뜻하고도 깔끔해서 알토다운 감칠맛 나는 건축미를 기대했던 저에게는 몹시 섭섭한 기분이 들었습니다. "알토 정도의 건축가라도 나이가 들면 담백하게 되어버리는 걸까?" 약간 쓸쓸한 기분을 느끼면서 그렇게 자문하는 동안 루오티넨이 얼굴 가득히 상쾌한 미소를 담고 검은 원피스 차림으로 나타났습니다. 회색기미가 감도는 푸른 눈동자, 짧게 자른 검은 머리카락, 그리고 밝은 미소 속에 아직 소녀다운 모습이 남아 있는 그녀는 동양적인 인상을 주는 자그마한 여성이었지요.

"실은 내가 당신을 무라살로까지 자동차로 데리고 갈 예정이었는데……."

초면의 루오티넨이 친구에게 말하는 것 같은 어조로 제게 말을 건넸습니다. 페이엔네 호수에 떠 있는 무라살로라는 섬에 제가 방문하고자 하는 알바 알토의 「코에타로」가 있는데, 갑자기 급한 회의 때문에 그녀가 동행할 수 없게 되었다는 것입니다. 〈알바 알토 탄생 백주년 축제〉를 준비하는 박물관은 지금 전 직원이 모두 탱고 연습에 바쁘다네요. 대신 저를 별장까지 안내해 주기로 한 청년이 도착하기를 기다리는 동안, 루오티넨은 「코에타로」에 대해 다음과 같은 재미있는 비화를 들려주었습니다.

"핀란드 언어로 〈코에〉는 실험, 〈타로〉는 집이므로 「코에타로」는 〈실험주택〉이라는 의미가 됩니다. 예를 들어 알토는 이 집에서 중정에 면한 벽의 한 면에 여러 가지 모양의 벽돌을 쌓고 다양한 스타일의 타일을 붙이는 등의 실험을 하거나, 증축 부분에서는 기초 없이 암반에 직접 보를 올리는 등 여러 가지 실험을 하고 있습니다."

어쩌면 알토는 이 집을 통해 〈실험하고 있다〉라는 것을 보여주고 싶은 생각이 있었을 거라고 루오티넨은 말했습니다. 그 이유는, 핀란드라고 하는 나라는 그렇지 않아도 세금이 높은데 특히 별장과 같은 사치품에는 높은 금액의 취득세와 고정재산세가 부과되므로, 별장을 지을 당시 이미 국민적으로 유명한 건축가였던 알토는 핀란드 건축의 질을 향상시킬 목적으로 짓는 일종의 실험주택 같은 것이므로 세금을 면제해 주기 바란다고 세무서에 아주 진지하게 민원을 제기했다는 에피소드가 있기 때문입니다. 그래서 별장의 이름마저 「코에타로」인데…….

"그렇게 해서 결과적으로 세금은 면제받았나요?"라는 저의 질문에 그녀는 머리를 흔들면서 장난스럽게 윙크를 해 보였습니다.

"재밌는 일화가 있어요. 세무서에서는 점잖게 거절하고는 오히려 당신 같은 사람이 그러면 안 된다고 설득하는 바람에 결국 규정대로 세금을 전액 납부하게 되었다고 하네요. 그도 그럴 것이 상대방은 세금에 관해서는 프로로 일을 하는 세무서이고, 건축가와 같이 꿈을 추구하는 사람과는 처음부터 상대가 되지 않았던 것이지요. 이 이야기, 왠지 익살스럽지 않나요?"

청둥오리 가족의 나들이

현재 무라살로라는 섬은 다리로 연결되어 있어 자동차로 간단히 갈 수 있습니다. 그러나 알토가 이 집을 지은 1953년 당시, 이 섬으로 가기 위해서는 배로 건너는 방법 외에는 없었습니다. 물론 섬에는 그때까지 전기도 들어오지 않았는데, 집이 완성되고 나서도 약 10여 년간은 알토 자신도 기름램프 생활을 즐겼다고 하네요.

핀란드 사람은 휴가 중에는 가능한 한 편리한 문명으로부터 멀리 떨어져 오로지 자연 속에서 지내는 것을 좋아하는 국민이라고 어떤 책에서 읽은 적이 있는데, 언뜻 보이는 산림과 호수의 풍경을 보고 있노라면 아마도 그렇게 될 수밖에 없겠노라는 느낌이 듭니다. 혹독함과 아름다움을 함께 지니고 있는 자연에 대치하지도 그렇다고 해서 등을 돌리지도 않으면서, 오히려 그러한 그리움에 뛰어들어 마음의 안정을 얻으려고 하는 것은 그 자체가 무엇보다도 자연과 조화되는 경지인지도 모르겠습니다.

마음은 알토가 했던 것처럼 배를 타고 그곳으로 가고 싶었지만 그렇게 하지는 못했습니다. 걸어서 그곳까지 가기 위해서는 자동차에서 내려 허름한 나무울타리로 된 문을 밀쳐, 대지에서 벗어난 침엽수의 오솔길 숲 속으로 들어가야 됩니다. 오솔길이라고는 하지만 그곳에는 정식으로 길이라고 불릴 만한 곳은 없습니다. 다만 사람이 밟았던 흔적을 따라 수풀 속에 나 있는 길이라고 생각되는 꼬불꼬불한 오솔길을, 밖으로 드러난 바위와 나무뿌리에 걸려 넘어지지 않도록 조심조심하

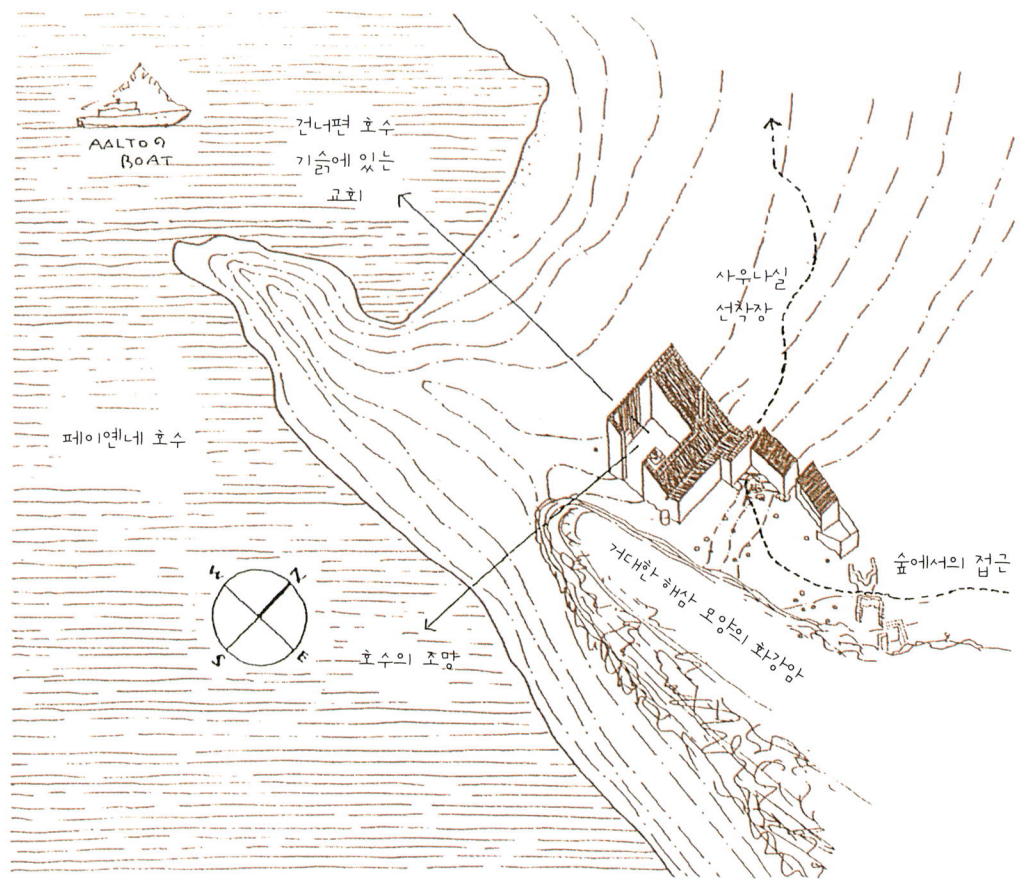

「코에타로」의 배치와 주변 지형

면서 2백 미터 정도 걸어 들어갔습니다. 마침내 호수를 향해 조금 내리막길인 곳에 도착했을 무렵, 나무 사이로 얼핏얼핏 보이는 흰색으로 칠한 집이 조금씩 눈에 들어오자 저는 마음을 조이면서 발걸음을 옮겼습니다.

숲에서 이 집에 이르는 길은 물건을 쌓아두는 창고나 증축된 게스트룸 등, 이 집의 부속건물 옆을 통과하면서 서서히 본 건물에 접근하도록 되어 있습니다. 본래는 창고 앞에는 태양열을 이용한 실험적인 난방장치를, 실험적으로 쌓은 곡면의 벽돌벽은 숲 속의 여기저기에 배치되도록 계획되어 있었습니다.

건물군의 익살스러운 배치는 도면을 보면 쉽게 알 수 있는데, 그러한 배치의 묘미에 관해서는 누구라도 한마디씩 말하고 싶었는지, 어떤 사람은 "꼬리지느러미형"이라고 표현했으며, 어떤 사람은 좀 더 시적으로 "목마른 여행자가 호수를 발견하곤 경사면을 내려오면서 지팡이와 짐을 하나씩 버리고 마침내 망토마저 버리고 달려왔는데, 그만 호수의 아름다움에 넋을 빼앗겨 물을 마시는 것조차 잊어버리고 멍하니 서 있는 것 같다."라고 표현하고 있습니다. 저도 한마디 하고 싶은데 제 식으로 표현하자면, "수풀을 빠져나와 호수로 들어가는 청둥오리 가족의 미소 어린 나들이"를 연상케 하는데, 어딘가 남다른 이런 배치 계획을 독자 여러분들은 어떻게 표현하시겠습니까?

알토는 이러한 배치를 한때 좋아해서 시도했는데, 그것은 자연을 존중해서 주변의 자연 속에서 건축물만을 유별나게 하고 싶지 않은 마음이 들었던 것임에 틀림없습니다. 그러한 관점에서 이 집을 보면 배치나 형태뿐만이 아니라 사용한 재료와 마감처리도 상당히 치밀한 배려 속에서 이루어진 것임을 느낄 수 있습니다. 벽돌로 만든 본 건물에 붙여서 증축한 게스트 룸은 목조에 나무판을 붙인 것으로, 나무판은 벽돌벽에 생긴 가로줄눈의 연속성을 고려해서 가로로 사용한 것을 볼 수 있습니다(196쪽의 그림 참조). 게스트 룸 건물에서 창고로 이동해 보면, 가로 나무판은 측면에서 정면으로 바뀌는 모퉁이에서부터 갑자기 세로로 바뀌고, 세로 나무판도 다음에는 틈새가 있는 울타리 모양의 담장으로 변화합니다. 이러한 배려는 마감뿐만이 아닙니다. 구조도 벽돌이라는 단단한 벽 구조에서 목조의 축조軸組 구조로, 최종적으로는 노출된 바위 위에 자연스럽게 세운 기둥에 의해 지붕이 받쳐질 수 있도록 하고 있습니다.

결국 알토는 건물을 점차로 자연 속으로, 좀 더 정확히 말하자면 나무들이 서 있는 수직선이 연속된 침엽수의 숲 속으로 돌려보내려고 하고 있습니다. 이러한

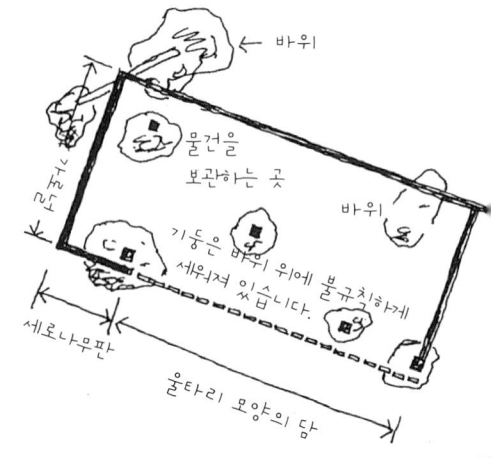

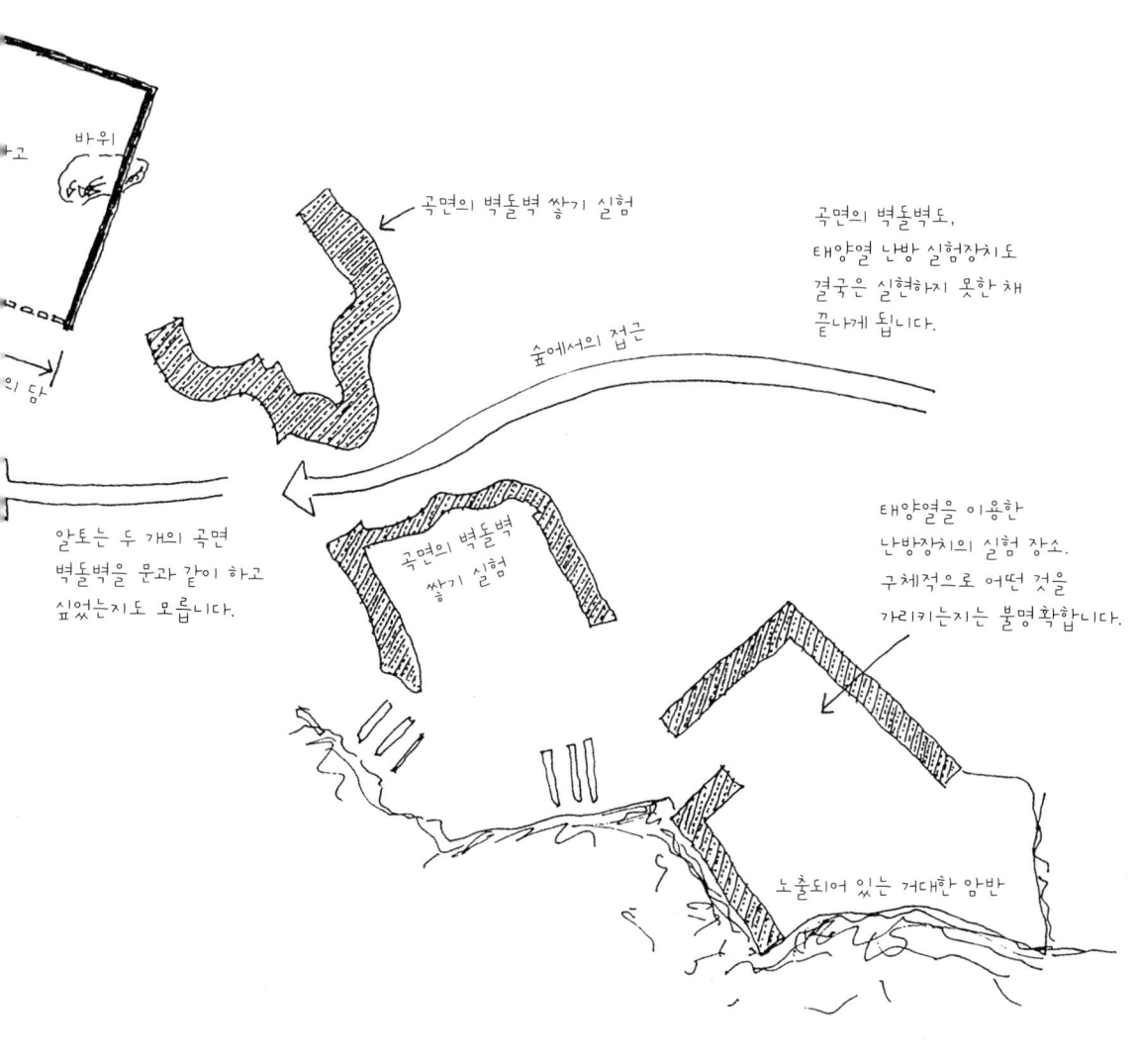

숲 쪽에서 완만하게 내려가는 접근로. 수직의 나무들 사이에 작은 규모의 건물이 점재해 있어 그것이 점차로 본채로 이어지고 있습니다.

것이 〈숲에 대한 오마주〉의 표시였다고 한다면, 계획만으로 끝난 곡면의 벽돌벽이나 태양열 난방 실험장치는 〈바위에 대한 오마주〉의 표시였을 것입니다. 유기적인 형태의 벽돌벽과 태양열 난방 실험장치는 바로 옆에 노출된 반원통형의 거대한 암반에 붙여서 마무리할 예정이었거든요.

호수 쪽에서 집을 올려 다봅니다. 벽돌의 외벽을 흰색으로 바른 것은 눈 내린 경치에 융화되도록 하려는 배려이지 않았을까요?

유쾌한 안뜰

나무판자를 붙여서 만든 벽도, 벽돌로 쌓은 벽도 외벽은 전체가 흰색으로 도장되어 있어 숲 속에 청초한 기운을 감돌게 하고 있습니다. 그러나 중정에 한 발짝 발을 들여놓으면 순식간에 완전히 다른 모습을 한 적갈색의 벽돌들로 둘러싸이게 됩니다. 게다가 그 벽돌벽은 보통 벽돌벽이 아니었는데, 벽돌의 다양한 종류와 천자만별의 쌓는 방법에 의해 다종다양한 패치워크patchwork를 만들어내고 있습니다. 그렇게 풍부한 표정을 한참 바라보다가, 도대체 얼마나 많은 종류의 벽돌이 사용되었는지 손가락으로 세고 있는데 안내하는 청년이 머뭇거림 없이 "약 50종류입니다."라고 가르쳐 주더군요. 그리고 벽뿐만 아니라 바닥

중정 입구. 정원을 둘러싼 L자형의 높은 벽은 여기서 갑자기 단절되면서 입구와 같은 역할을 하고 있습니다. 입구를 빠져나가면 내부는 흰 외벽에서 적갈색 계열의 벽돌로 변해갑니다.

면도 열 개의 평면으로 분할되어(이것은 제가 파악한 것입니다만.) 각각 까는 방법이 다른, 다양한 붙이는 방법으로 방문자를 넉넉하게 맞이하고 있습니다.

정말 뭐라 말할 수 없을 정도의 유쾌한 안뜰이었어요! 여기에는 여름휴가는 물론이고 자연과 함께하는 생활을 마음속 깊이 즐기려는 축

각종 벽돌, 타일 등을 패치워크처럼 붙인 실험적인 벽. 오른쪽의 세로로 긴 작은 창은 알토 부부의 침실 창으로, 여기서도 중정으로의 출입이 가능합니다.

제의 기분이 넘치고 있습니다. 알토도 처음에는 〈실험〉이라는 것을 염두에 두고 정말 살아 있는 모습을 보여주기 위해 벽돌의 모양에 몰두한 것으로 보이는데, 도중에 실험은 뒷전으로 미루고 그저 벽돌의 더 많은 모양들을 생각해내는 즐거움에 취한 것은 아닐까요?

그런 지치지 않는 자유로운 정신과 유연한 여유가 알토의 건축에는

중정에서 올려다본 숲의 나무들. 건물의 거의 중앙에 만들어진 화로와 보일러 굴뚝의 강한 인상이 이 집의 상징이 되고 있습니다.

중정. 벽돌로 된 바닥의 패턴과 불을 피우기 위한 중앙의 화로, 시원하게 절단된 벽, 주변의 나무숲에 녹아드는 격자 등을 주목해 주시기 바랍니다. 자립벽(일종의 담과 같은 벽)의 상부나 지붕의 경계 부분에는 기와가 놓여 있습니다.

항상 숨 쉬고 있는 듯한 기분이 듭니다. 결국 그것이 모더니스트라 불리는 동시대의 다른 건축가들의 이지적이며 금욕적인 작품과는 맛이 다른, 〈인정미가 있는 따뜻함〉을 자아내게끔 하는 것인지도 모르겠네요.

이 집의 사용법을 생각해 보면, 이곳의 중정은 정원이라기보다 외부의 거실이라고 불러야 할 공간입니다. 외부에 면한 L자형의 높은 벽 각각에 개구부를 가지고 있는데, 그 개구부가 페이엔네 호수의 경치를 전망창처럼 담고 있습니다. 출입구가 아닌 쪽의 개구부에는 목재로 된 세로격자가 설치되어 있는데, 여기에도 나무의 수직선에 대한 오마주가 담겨 있습니다. 정사각형 중정의 한가운데에는 불을 피우는 정사각형의 화로가 설치되어 있습니다. 알토는 자신의 낙서 같은 스케치에서도 타오르는 불, 거기에서 피어오르는 연기를 그리고 있는데, 그만큼 불이라고 하는 것은 알토의 별장생활에서도, 이 건물에서도 없어서는 안 될 소중한 요소였습니다.

중정을 둘러싼 벽돌벽의 일부가 잘려지고 세로 격자가 세워져 있습니다. 이것은 〈나무의 수직선에 대한 오마주〉라고 하는 것이 제 생각인데, 여러분은 이에 동의해 주실 수 있는지요?

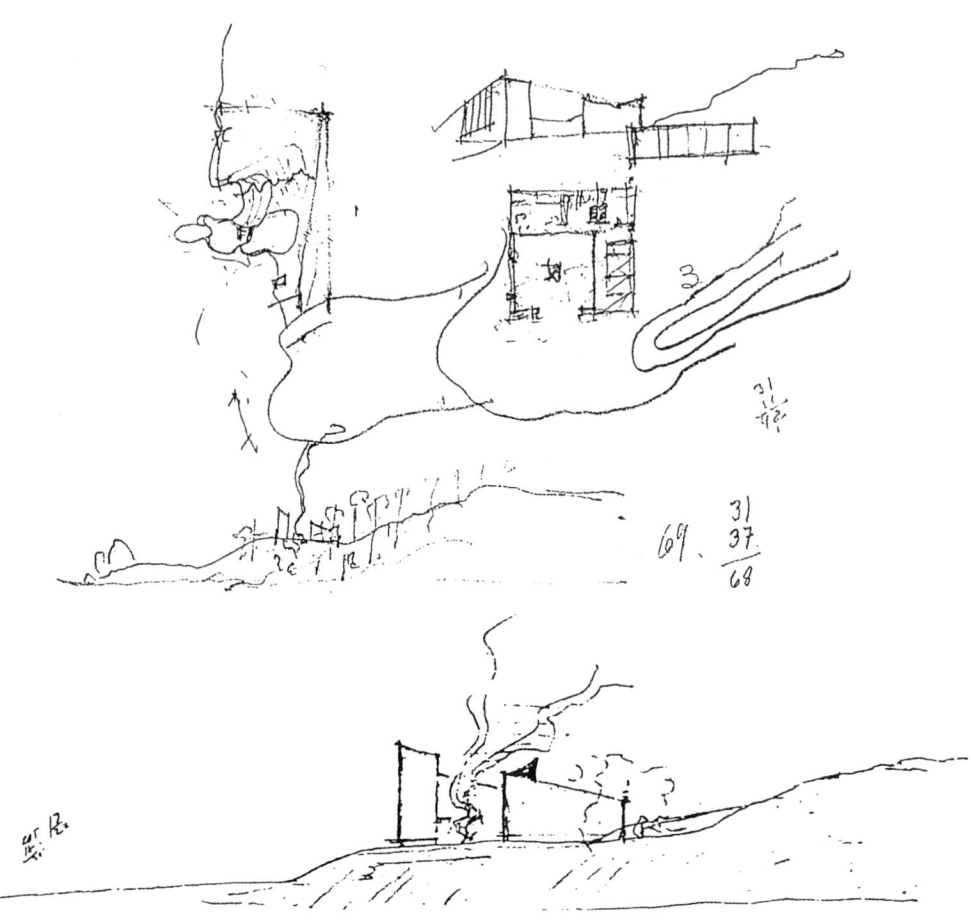

Luonnoksia Sketches © Alvar Aalto 2000

알바 알토가 그린 「코에타로」 스케치. 지형과의 관계, 자연 풍경 속에서 건물의 실루엣 등을 검토한 흔적을 엿볼 수 있습니다. 중정의 굴뚝에서 올라가는 연기에도 눈길을 한 번 주시기 바랍니다.

세로 상자 안

실내로 들어가기 전에 다음 페이지에 나오는 평면도를 먼저 봐두는 것이 좋을 듯합니다.

이 집은 벽돌로 둘러싸여진 정사각형 평면 안에 정사각형 중정을 두고 있으므로 지붕이 덮인 부분은 ㄱ자형이 됩니다. 그 ㄱ자형의 가로 부분은 작업실, 거실·식당, 부엌으로 채워지고, 세로 부분에는 크고 작은 세 개의 침실이 위치하고 있습니다. 알토 부부에게는 방문하는 손님이 많았다고 들었는데 그만큼 더 많은 공간이 필요했기 때문이었는지 이 집을 완성한 지 2년 후에 게스트 룸을 증축했습니다.

숲에서 오는 길은 뒷문처럼 다루어지고 있어서 정문은 역시 중정을 통해서 들어오는 길이라고 할 수 있습니다. 숲과 호수라는 자연환경에서 한 개의 문을 통과해 갑자기 실내로 들어가게 하지 않고, 외부와 내부의 중간적인 매개 공간인 중정을 거쳐 실내로 들어가게 하는 방식은 정원에서 처마로, 처마 밑에서 툇마루로, 툇마루에서 실내로 들어가는 식으로 공간을 연속해서 이어지게 하고 있습니다.

또한 이곳에서는 공간이 세로 형태로 이어지고 있고 그것이 이웃하면서 늘어서 있습니다(평면도 참조). 높은 벽으로 둘러싸여진 중정의 공간은 솟아오른 인상이 들며, 막힘이 없는 실내의 공간도 솟은 듯합니다. 실내의 그런 인상을 말로 설명하는 것은 어렵겠지만, 마치 신발장을 측면으로 세운 것 같은 공간의 비례를 상상하면 될 것 같습니다.

즉 개구부에 비해 깊이감이 얕고, 게다가 어느 정도의 높이를 가진

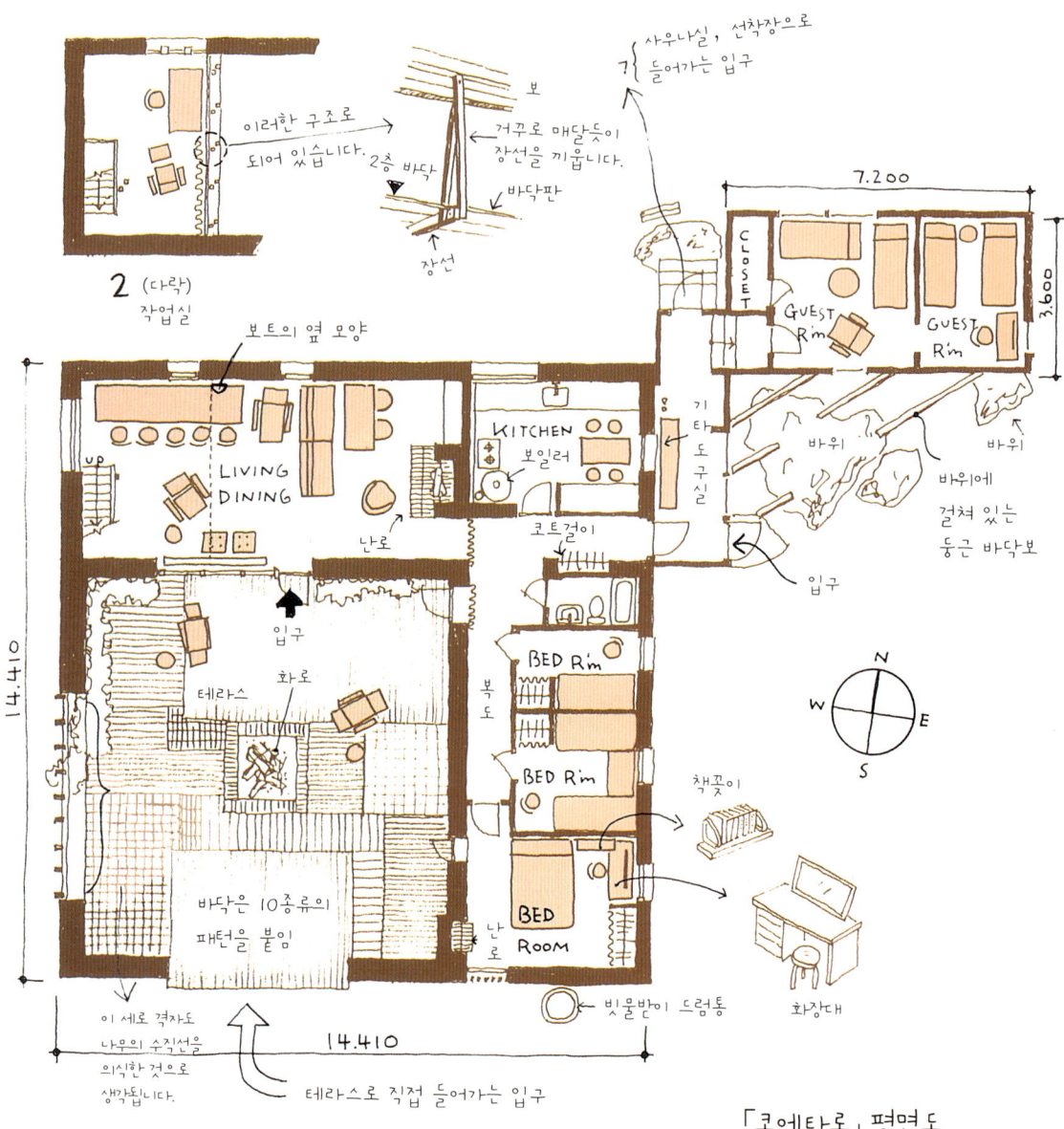

「코에타로」 평면도

공간은 신발장의 내부라는 느낌이 듭니다. 상자를 연상케 하는 또 하나의 요인은 창의 크기(혹은 작은 크기라고 해야 할지도 모르겠지만요.)입니다. 당연히 차가운 밖의 기운을 고려한 것이었다고 생각되는데, 창이나 개구부는 최소한의 크기로 제한되어 있어 실내에는 조용히 가라앉은 기분을 자아내는 닫히고 막힌 듯한 느낌이 가득했습니다.

*

실내에 발을 들여놓은 순간, 무어라 말할 수 없는 그리움과 안도감이 제 마음 깊숙한 곳에서부터 용솟음쳤다는 것도 빼놓지 않고 말씀 드리고자 합니다. 이상하게도 처음 와보는 곳임에도 불구하고 "또 왔습니다!"라고 소리라고 지르고 싶은 기분이었습니다. 이것은 도대체 무슨 이유에서일까요? 물론 곧바로는 알 수 없었습니다. 그러나 실내를 돌아다니고, 거실의 벽난로 앞이나 식탁의 소파에 앉아 본 후에, 그리고 2층 작업실에 올라가 난간에 기대어 벽난로가 있는 거실을 내려다보고 있을 때, 돌연 그 정체를 알 수 있었습니다.

 2층에서 내려다본 실내의 모습은 바로 작년까지 여름이 올 때마다 제가 부리나케 방문했던 가루이자와의 숲 속에 있는 「요시무라吉村順三 산장」과 놀랍게도 닮아 있었습니다. 아니 실내의 모습뿐만 아니라 거기에 떠도는 공기가, 그 공간에 머물고 있는 건축의 정신이 저 아름다운 「요시무라 산장」에 충만해 있는 향기로운 건축의 정취와 똑같았습니다.

 기성의 가치관에 얽매이지 않는 개척자의 정신, 건축이나 가구의 아이디어에 스며들어 있는 온화한 인간성, 서민의 생활을 엿보는 눈빛, 거주감에 대한 훌륭한 동물적인 감각과 그것을 시원스럽게 만들어내어 보여주는 명인의 정신, 불과 물 그리고 식물에 의지하는 애정의 깊이, 이론보다 실천을 중시하는 장인정신, 그리고 훌륭한 스케치의 선을 만들어내는 거친 손과, 풍설에 견디는 강인한 노목의 줄기를 연상케 하는 깊은 주름을 지닌 풍채. 알바 알토와 요시무라라고 하는 두 건축가의 공통점은 이처럼 아주 많다는 생각이 불현듯 들더군요.

일순간 이번 4월에 돌아가신 요시무라 선생에 대한 기억이 제 뇌리를 스쳐 지나갔습니다. 이런저런 추억에 잠기게 만드는 건축물을 순례한 후 여행지에서 보고 느낀 것을 요시무라 선생에게 엽서로 쓰거나, 귀국 후 그 사진을 가지고 선생을 방문하는 것도 제 순례여행의 은근한 즐거움이었습니다.

*

「요시무라 산장」을 생각나게 하는 급경사의 계단을 내려가, 이번에는 침실이 있는 곳과 게스트 룸이 있는 증축 부분을 보게 되었습니다. 침실은 둘 있는데 모두 아담하고 거주성이 좋아 보입니다. 알토 부부의 침실도 크지는 않은데, 안으로 볼록한 모양을 한 형태의 천장도 결코 높지는 않아 방의 인상은 아주 조촐하고 아담하게 다가왔습니다.

어느 침실이나 가구는 물론 모두 알토가 디자인한 것으로, 그 간소하고 실용적인 디자인은 역시 이 집에 잘 조화되고 어울리게 놓여 있었습니다. 다만 한 가지 이상스럽게 생각된 것은 입구의 문 쪽으로 머

2층 작업실에서 거실의 벽난로가 있는 코너를 내려다보았습니다. 이 모습에서 「요시무라 산장」이 자연스럽게 연상되었습니다. 아래쪽이 「요시무라 산장」 실내 모습입니다. 거의 같은 각도에서 내려다본 거실 모습입니다. 두 곳이 정말 비슷하죠?

알토 부부의 침실. 침대의 위치는 일견 이상하게 보이지만, 왼쪽의 창을 통해서는 중정 너머로 숲과 호수를 보며, 오른쪽의 높이 낸 창을 통해서는 아침햇살을 받으며 아침을 맞을 수 있습니다.

리를 향하고 있는 부부침대의 배치였습니다. 아니 이상스럽다기보다는 납득이 가질 않았습니다. 일반적으로 계획한다면 입구에서 멀리 떨어진 벽을 머리의 위치로 삼고 발밑 부분을 문 쪽으로 합니다. 그렇게 하지 않으면 밤중에 화장실에 가기 위해 일어난 사람이 중정이 있는

어린이 방. 작은 안락감이 느껴지는 침실입니다. 단순한 책장도, 화장대도, 의자도 전부 알바 알토의 디자인입니다.

안쪽에서 자는 사람의 몸 위를 통과하게 되므로 안정되지 못한 현상이 일어나기 때문입니다. 그러나 이러한 변칙적인 배려도 그 위치에서 잠을 자면서 중정 건너로 숲과 호수가 보이는 것을 발견하는 순간 "역시!"라고 납득하게 되었지요.

2층의 작업실에서 식당과 거실 코너를 봅니다. 조촐하고 아담하며 간소한 실내에는 편안하고 포근한 거주성이 배어나고 있습니다. 벽난로 옆을 빠져나가면 숲 쪽(동쪽)으로의 출구가 있습니다.

벽난로 주변. 역시 추운 나라에 적당하게 잘 배치된 벽난로라는 것을 알 수 있습니다. 벽난로의 세세한 부분까지 살펴보았는데, 소나무를 태웠을 때 생겨나는 타르가 적은 것이 의외였습니다.

알토의 어떤 건축을 보아도 코트걸이의 위치가 아무렇지도 않게(때로는 당당하게), 그리고 적당한 위치에 있다는 것을 발견하게 됩니다. 이 별장에서도 역시 "여기밖에 없다!"고 생각되는 바로 그 위치에 있었습니다.

2층 바닥은 보에 걸쳐져 지탱되는 구조가 아닌, 일부러 보강한 지붕보에 기둥이 매달려 있고 그 기둥이 바닥을 잡고 있는 구조입니다. 이러한 부분도 〈코에타로〉의 〈코에타로〉다운 부분일 것입니다.

2층 작업실에서 계단을 내려다봅니다. 사진 오른쪽에는 계단을 만들기 위해 마루청을 받치는 가로대를 상단의 대들보에서 이어지는 기둥에 매단 모습이 보입니다.

선착장 근처에 있는, 알토가 설계한 사다리꼴 형태의 사우나실. 굴뚝을 설치하지 않고 건물 안에 연기를 가득 채우는 가장 원시적인 구조를 갖는 〈연기 사우나실〉이라고 할 수 있습니다.

2층 작업실 서쪽 창에서 침엽수 너머로 보이는 페이옌네 호수의 조망. 이 집에서는 커다란 개구부를 둘 수 없어 경치를 감상하기 위해 액자와 같은 틀을 사용했음을 알 수 있습니다.

결국 알토는 언제나 침엽수의 나무들과 그 건너편에서 빛나는 페이엔네 호수의 수면을 바라보고 싶었던 것입니다.

잠에서 깨어나서

방문 시간을 충분하게 잡았기 때문에 돌아갈 때까지는 시간적 여유가 있었습니다. 그 시간을 이용해서 침엽수 숲 속에 살며시 들어 있는 집(흰 건물이 마치 둥지 안에 편안히 놓여 있는 알과 같았습니다.)과 그 뒤로 펼쳐져 있는 호수의 풍경을 스케치해 두기로 했습니다.

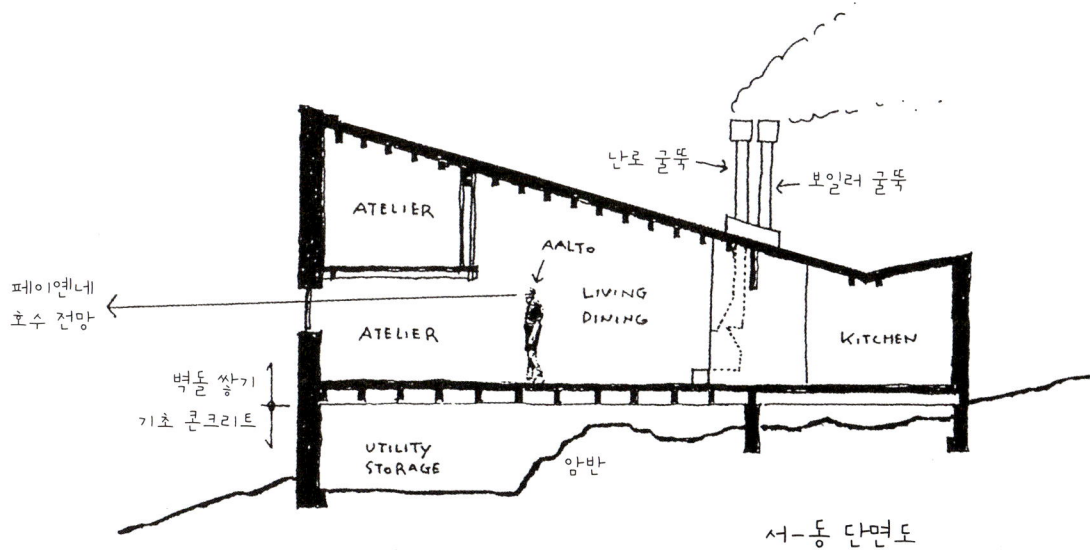

그런데 햇볕을 피해 나무그늘의 풀밭으로 들어가서 앉기 좋게 놓여 있는 바위 위에서 스케치북을 펴는 순간 누군가 마술을 부린 듯이 졸음이 저를 엄습해 왔습니다. 집도 계획대로 살펴본 덕에 긴장이 풀린 탓과 긴 여행의 피로와 시차로 인한 멍한 상태가 한꺼번에 밀려온 까닭이겠지요.

사실 짧은 시간이었겠지만 잠깐 잠이 들었고, 눈을 떠 보니 눈앞에 알바 알토가 설계한「코에타로」가 부드러운 표정으로 조용히 자리 잡고 있었습니다.

알토에게서 큰 영향을 받은 미국의 건축가 찰스 무어Charles Moore가 "위대한 건축물을 실감하기 위한 최상의 방법은, 그 건축물 〈속에서〉 눈을 뜨는 것이다."라고 말한 것이 생각나는데, 그것을 "그 건축물 〈앞에서〉 눈을 뜨는 것"이라고 바꾸어 말해도 성립될 수 있다는 것을 저는 그 바위 위에서 어렴풋이 깨닫게 되었습니다.

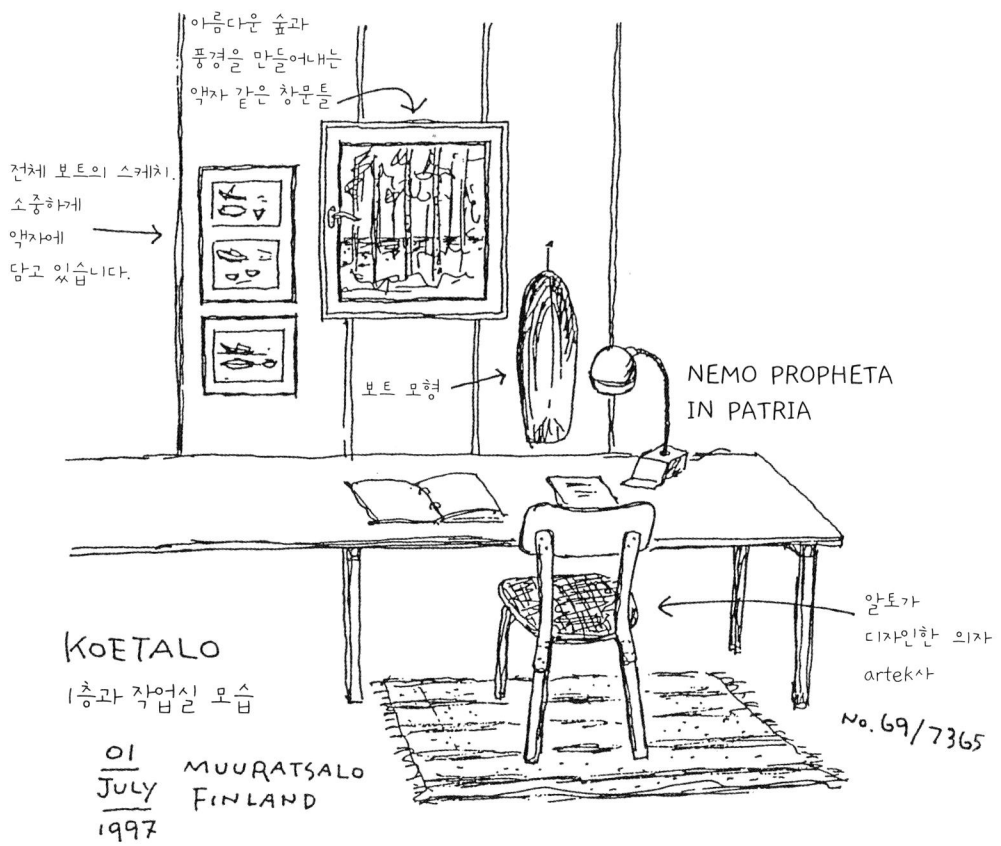

알토는 이 집을 짓고 나서 곧바로 이곳으로 올 때 이용하기 위한 보트 설계에 착수했습니다. 조선기술자와의 공동 작업을 통한 본격적인 설계로, 1954년부터 설계를 시작해서 1955년에 완성했습니다. 알토는 모두가 알고 있는 것처럼 핀란드에서는 절대적인 인기를 얻고 있었던 이른바 국민적인 영웅 건축가였지만 그 보트의 측면에는 "NEMO PROPHETA IN PATRIA(예언자는 그 나라에서는 받아들여지지 않는다.)"라는 잠언의 명판이 설치되어 있습니다. 도대체 알토의 어떤 마음이 이 글귀에 담겨져 있는 걸까요?

Schröderhuis 1924

게리트 토머스 리트벨트 · 슈뢰더 하우스
네덜란드／유트리히트／1924년

게리트 토머스 리트벨트 Gerrit Thomas Rietveld, 1888-1964

1888년 6월 24일 네덜란드 유트리히트에서 태어났다. 11살 때인 1899년부터 1906년까지 부친의 가구 공장에서 견습공으로 일한 후, 1911년부터 1919년까지는 스스로 가구공장을 경영하면서 야간 공예건축학교에서 클라르하머에게서 건축을 배웠다. 1931년 〈데 스틸 De stijl〉 운동에 참여하면서 가구와 인테리어 디자인부터 시작했다. 그 중 유명한 실험적 작품으로 1918년에「적색과 청색의 의자」를 발표하는 등 가구 디자인에 의욕적인 활동을 보였다. 그 후「슈뢰더 하우스」를 발표하면서 데 스틸의 대표적인 작품으로 알려지게 된다. 이후 1928년에는 CIAM(근대국제건축회의)의 창립 멤버로, 1929년에는 네덜란드 대표로 활약했다. 이후에는 미술학교, 대학 등에서 강의를 맡고 1964년에는 델프트 대학에서 명예박사학위를 수여받았다.

대표적인 가구 작품으로는「적색과 청색의 의자」(1923),「베를린 암체어」(1923),「지그재그 의자」(1934),「스텔트만 의자」(1963)가 있고, 대표적인 건축 작품으로는「슈뢰더 하우스」(1924),「룸멘 하우스」(1912),「반 고흐 미술관」(1974) 등이 있다.

Gerrit Thomas Rietveld
Schröder Huis

짙은 안개, 굴뚝
―

파리.

호텔 침대에서 잠을 깨보니 창밖은 어둠침침하고 무겁고 습한 안개가 조용히 흘러가고 있었습니다. 어제까지만 해도 며칠 동안 따뜻하고 온화한 날씨가 계속되어서, 이곳에서 오래 살았던 친구와 "유럽에도 초봄의 따뜻한 날이 있네."라며 이야기를 나누기도 했습니다. 그런데 오늘 날씨는 어제와는 완전 딴판입니다.

    운이 나쁘게도 오늘이 네덜란드로 가는 출발일입니다.

우울한 기분으로 짐을 싸면서도 날씨가 신경 쓰여 곁눈질로 창밖을 계속 바라보면서 여행 준비를 하고 있었습니다. 안개는 살아 움직이는 것같이 더 진한 농도를 띠기도 하고, 점점 건너편에 있는 건물을 촉촉이 둘러싸는가 싶더니, 마음이 변했는지 아니면 상관없다고 생각했는지 희미하게 개어가는 기미를 보이기도 했습니다. 어쩐지 자기 스스로 습기 찬 커튼을 열었다 닫았다 하는 것 같은 생각이 들 뿐, 그날의 날씨가 어떻게 변할지는 전혀 예상할 수 없었습니다.

신경이 쓰이는 것은 비행기의 출발 여부였습니다. 이전에 겨울 밀라노 공항의 짙은 안개 때문에 어떻게 해서든지 타지 않으면 안 될 마지막 비행기의 출발이 취소되는 바람에 일정이 완전히 흐트러졌던 쓰라린 경험이 있었기 때문입니다.

다행히도 이번에는 결항이 되지는 않고, 비행기는 한 시간 반 정도 늦게 파리를 출발했습니다. 늦었어도 날 수 있게 되어 행운이라 생각했습니다. 일단 이륙한 후에는 하늘은 쾌청하고 지극히 평온해 쾌적한 여행을 할 수 있었습니다.

*

암스테르담의 스키폴 공항 착륙을 알리는 기내방송 소리에 선잠을 깨 창밖을 보는 순간, 실로 이상한 광경이 눈에 들어왔습니다. 아직 눈 아래는 구름바다였으나, 여기저기에 마치 강 위로 작은 말뚝이 고개를 내민 듯이 막대기 같은 것들이 돌출해 있었습니다. 자세히 살펴보니 그것은 아무래도 굴뚝처럼 보였습니다. 그 끝에서 뭉게뭉게 연기 같은 것이 나오고 있었습니다. 굴뚝도, 그 연기도 온화한 겨울의 햇살을 받으며 구름 위에 그림자를 떨어뜨리고 있어 마치 연꼬리가 흐느적거리는 한 폭의 그림 같았습니다.

그렇다 하더라도 구름을 뚫고 나올 정도라면 얼마나 높은 굴뚝일까요? 높이 5백 미터? 8백 미터?

뭔가 계속해서 꿈을 꾸고 있는 듯한 기분에 제 눈을 의심해 보기도 했지만 동시에 돌연 어디에선가 읽은 책의 한 구절이 떠올랐습니다.

언젠가 리트벨트에 관한 책을 읽고 있을 때 책의 어딘가에 쓰여 있었는데, 네덜란드라는 나라에 어째서 피에트 몬드리안Piet Mondrian이나 테오 반 되스부르크Theo van Doesburg 같은 구성주의자가 태어나 〈데

암스테르담 구름 위로 솟아오른 굴뚝

스틸 운동〉이 시작되었는가 하는 고찰이었습니다. 그 내용이 살짝 미심쩍으면서도 흥미로운 지적이었기에 희미하게 기억에 남아 있었습니다.

그 책의 저자에 의하면 네덜란드 사람에게는 특유의 기하학적인 감각이 있는데, 그것은 네덜란드라고 하는 한없이 평탄한 지형에 공업문명이라고 하는 손길이 들어왔을 때의 풍경에 의해 배가되었다고 합니다. 즉 평야라고 하는 〈수평선〉에 공장의 굴뚝과 같은 〈수직선〉이 첨가되면서 만들어진 일종의 기하학적 경관이 구성주의 회화나 건축에 지대한 영향을 끼쳐 데 스틸 학파를 탄생시켰다는 지적이었습니다.

네덜란드 사람들이 기하학을 좋아한다거나 그런 감각에 대해 저는 수긍은 하고 있었지만, 이런 독특한 지적에는 왠지 고개가 갸우뚱거려졌습니다. 왠지 인과관계가 부족하다고 느껴지지 않으신가요?

하지만 비행기 창 너머로 보이는 구름 위까지 우뚝 솟아오른 무척이나 높은 굴뚝을 보고 있노라니 의외로 그것이 진실일지도 모른다고 수긍하지 않을 수 없었습니다. 그 순간 비행기는 갑자기 구름 속으로 돌진하더니 곧이어 밑에서부터 위로 튀어 오르면서 심하게 요동치는 충격에 휩싸이게 되었습니다. 순간 "사고인가!" 하고 긴장했지만 그렇지는 않고 갑작스런 착륙에 따른 충격이었습니다. 또 제가 구름이라고 생각했던 것은 실제로는 지상에 깔려 있었던 짙은 안개였습니다. 그리고 그렇게 높게 솟아오른 듯이 보였던 굴뚝은 극히 일반적인 높이였다는 것을 알게 되었습니다. 잠결에 안개를 구름으로 착각하면서 일어난 저만의 작은 해프닝인 셈이었죠.

가구장이 리트벨트

오리무중.

맙소사, 서두에서 이야기했어야 할 내용까지 안개에 밀려버린 꼴로, 네덜란드로 가는 목적을 아직까지 쓰지 못했군요. 이번 여행은 암스테르담과 유트리히트에 리트벨트가 남긴 건축과 가구 작품을 견학하는 것이 목적입니다. 암스테르담에서는 리트벨트의 작업실에서 만든 진품 가구를 소유하고 있는 건축가 한스 도프카가 그 귀중한 진품들을 보여주기로 약속되어 있었으며, 유트리히트에서는 근대주택사 중에서도 매우 명작으로 꼽히는 「슈뢰더 하우스」의 방문을 유트리히트 중앙박물관에 신청해 두었습니다. (현재, 「슈뢰더 하우스」는 이 박술관의 으뜸 컬렉션 중 하나입니다.) 양쪽 모두 일본에서 전화와 팩스로 시간 약속까지 잡아놓았기 때문에 특별히 비행기 일정이 신경 쓰였습니다. 그러다 보니 안개도, 날씨도 더더욱 신경이 쓰였구요.

그럼 여기서 이번 여행의 주인공인 리트벨트에 관한 내용을 조금 말해두는 것이 좋을 것 같습니다.

게리트 토머스 리트벨트는 가구디자이너이며 건축가입니다. 1888년에 네덜란드의 유트리히트에서 가구기능공의 아들로 태어나 1964년 같은 유트리히트에서 사망했습니다. 원래는 아버지의 가업을 이어받아 가구기능공으로 출발했으나 야학으로 건축을 배우는 등 점차 건축설계도 직접 할 수 있게 되면서 마침내 건축가로서도 위대한 업적을 남기게 되었습니다.

그는 금세기 초에 화가 피터 몬드리안 등이 일으킨 전위적인 예술운동인 데 스틸에 참가했으며, 먼저 가구 분야에서 지금까지의 개념을 뒤집는 선구적인 위업을 달성했습니다. 연이어서 작업에 들어간 「슈뢰더 하우스」는 그로서는 건축의 처녀작에 해당되는데, 그 집은 데 스틸의 개념을 그대로 구현한 것 같은, 세상을 놀라게 한 건축물이 되었기 때문에 그는 일약 한 세기를 풍미하는 시대의 총아가 되었습니다.

데 스틸의 주요 멤버로는 몬드리안을 비롯하여 테오 반 되스부르크 등이 있는데, 상당한 이론파라고나 할까 논객이라고 할까, 이른바 말 많은 사람들이 많았는데, 그 이념은 면밀히 구축된 이론이나 흔들리지 않는 신념에 의해 강력히 뒷받침되어 있었다는 평판을 받았습니다. 실제로 그들이 남긴 문장들을 상세히 읽어보면 저와 같이 복잡한 논리에 약한 유형의 사람들에게는 너무 어려운 데다가, "예술의 최종 목적은 비극을 배제하는 데 있다."와 같이, 쉽게 파악할 수 없는 숭고한 종교와 같은 문장으로 기술되어 있어, 결국 제 자신이 감당하기 힘들어 독자 여러분께 상세하게 설명하지 못하는 것이 몹시 아쉽습니다. "이러한 난해한 문장을 곰곰이 읽어 풀어나가는 것도 나쁘지 않겠지."라고 생각하시는 분은 꼭 관련 논문을 한 번 읽어보라고 추천하고 싶네요.

그것보다 리트벨트를 소개하는 데는 그 유명한 「적색과 청색의 의자」나 「지그재그 의자」 등을 포함해 그가 디자인한 일련의 가구들을 보는 것이 빠른 길일지도 모르겠네요. 데 스틸의 이론은 그렇다 하더라도, 그가 가구 분야에서 그 누구보다 기성개념에 구애되지 않는 획기적인 위업을 달성했다는 것은 그의 작품들을 보는 것만으로도 쉽게

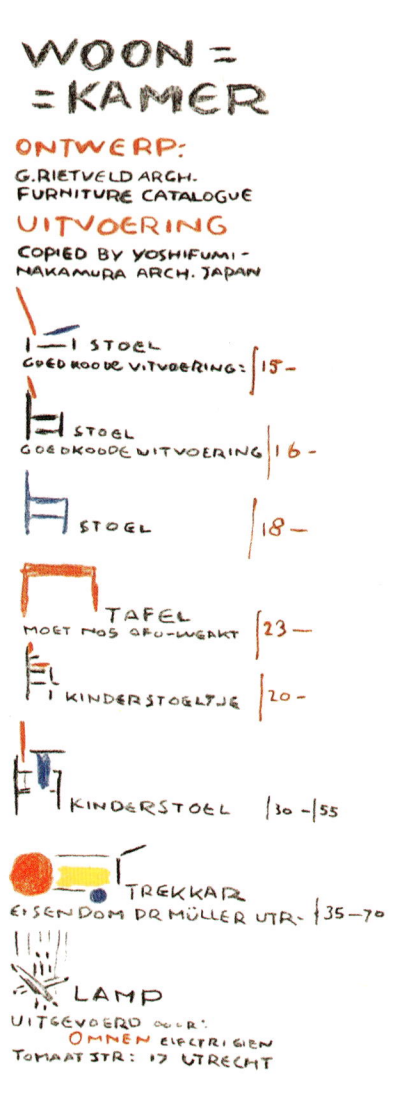

리트벨트가 남긴 스케치

1923 | RED AND BLUE CHAIR

1923 | BERLIN CHAIR

1923 | END TABLE

1963 | STELTMAN CHAIR

리트벨트는 전 생애에 걸쳐 열심히 가구를 디자인했습니다. 정확히는 알 수 없으나 그 수는 4백 개가 넘을 것입니다. 그는 본질적으로 가구디자이너였던 것입니다.

실은 「슈뢰더 하우스」를 설계하고 있을 무렵 리트벨트가 쓴 개인 기록이 남아 있습니다. 간단한 스케치이지만 우리남이 있는 매우 매력적인 기록이어서 독자 여러분에게 소개하고자 이곳에 게재했습니다.(옆 페이지 참조)

위의 사진은 축척 5분의 1로 만든 모형의자로, 제작자는 대학 졸업 연구에서 〈리트벨트의 가구〉를 주제로 선택한 학생 세 명입니다. 그들은 42개의 모형과 실제 치수에 의한 4개의 가구를 복사, 제작했습니다.

이해될 수 있기 때문입니다.

　더구나 그 가구들은 논리적인 사고에서 나온 것이 아니고, 기능인으로서의 직감과 창의적 노력을 반복하는 〈생각하는 손〉에서 나왔다는 사실에 특히 주목해 주었으면 합니다. 여기에서 리트벨트라는 사람의 천부적인 재능과 실천가로서의 가장 중요한 본질을 발견하는 것은 비단 저만은 아니리라 생각합니다.

　나무, 성형합판, 스틸, 알루미늄, 플라스틱, 종이, 콘크리트 등 소재가 무엇이든 간에 리트벨트의 생각하는 손을 거치면 일순간 특이하고 사랑스럽고 독특한 멋을 느낄 수 있는 가구가 만들어집니다. 거기에는 언제나 장인의 따뜻한 손의 감촉과 온기가 남아 있다는 것도 간과해서는 안 된다는 것을 다시 한 번 강조해 두고자 합니다.

　앞 페이지에서 보여드린 것은 모두 축척 5분의 1의 모형의자 사진입니다. 수년 전 대학에서 강의를 할 때 제 세미나에서 졸업 연구로 리트벨트의 가구를 주제로 해서 열병에 걸린 것처럼 리트벨트의 연구에 몰두한 세 명의 여학생이 만든 복제 모형의 일부입니다. 그냥 〈열병〉이라고 소개했지만, 실은 제가 이번에 네덜란드를 방문하는 것도 제 자신이 그 〈리트벨트의 열병〉에 감염되어 그 열병에 의해 저지른 행동이라고 말하고 싶군요.

일란성 쌍둥이의 한쪽 같은

앞에서 제가 리트벨트를 소개하면서 그가 최초로 손을 댄 주택은 데 스틸의 이념을 그대로 구현한 것 같은 놀라운 건축이었다고 말했는데, 그것이 유트리히트 거리 변두리에 지금도 남아 있는 「슈뢰더 하우스」입니다.

건축주 슈뢰더 부인은 젊은 미망인으로, 그 당시 세 명의 어린 자녀와 함께 1800년대에 지어진 큰 저택에 살고 있었습니다. 부인은 지금 말로는 인테리어 디자이너의 작업도 했었던 것 같은데, 몸집만 큰 옛날풍의 대저택이 싫어져 남편 사후에 그 저택을 버리고 유트리히트의 어딘가에 기능적이면서도 작고 청결하고 잘 짜여진 집을 지어서 살고 싶어 했다고 합니다. 그래서 리트벨트에게 그 집의 공동 설계를 의뢰하게 된 것입니다.

그렇지만 「슈뢰더 하우스」가 슈뢰더 부인이 리트벨트에게 처음으로 의뢰한 작업은 아닙니다. 이 집의 신축 계획이 나오기 3년 전(우연하게도 그녀의 남편이 사망한 해와 겹쳐 있습니다.)에 부인은 리트벨트와 함께 이전에 살던 그 큰 저택 내부 개축 공사를 한 적이 있었습니다. 그때 리트벨트의 감각과 작업방식이 마음에 들었던 모양인지, 그가 단지 목공기능인 출신의 가구디자이너가 아닌 건축가로서 우수한 재능을 갖고 있다는 것을 간파하고 그러한 재능이 꽃필 수 있는 기회를 주고자 하는 후견인적인 기분이 크게 작용했던 것은 아닐까라고 저는 추측하고 있습니다.

여하튼 두 사람의 공동 작업을 다시 실현하게 되었습니다.

이 집의 설계 파트너로서 슈뢰더라는 이름으로 기록된 부인이 설계 감리 실무에 있어 어느 정도의 역할을 했는지 지금 그것에 대해 자세히는 알 수 없지만, 설계의 큰 줄기에서부터 디테일한 부분에 이르기까지 부인의 의견이 많이 반영되었음에는 틀림이 없는 듯합니다.

예를 들어 조망이 좋은 2층에 거실·식당, 침실 등과 같이 주택의 중요한 기능을 모두 충족시키는 아이디어나, 과감하고도 차라리 미련이 없다고도 할 수 있을 정도의 공간 분할 등은 슈뢰더 부인의 제안이라고 하며, 실내의 설비에 관해서도 당연히 인테리어 디자이너인 그녀의 담당이었다고 합니다. 그녀는 낡은 가치관에 얽매이지 않는 독창적인 감각을 가지고 자신이 희망하는 생활을 상당히 구체적으로 이미지화하였으며, 나아가 그것을 정확하게 사람들에게 전달하는 능력을 갖춘 여성이었다고 전해지고 있습니다.

리트벨트는 건축에 대한 열정에 불타 자신의 모든 역량을 발휘하고자 할 시기에 그를 이해해주는 건축주이자 파트너를 얻은 셈인데, 아마 슈뢰더 부인이라는 일란성 쌍둥이의 한쪽과 같은 정신을 갖춘 상대가 없었다면 이러한 역사적인 주택의 명작은 탄생하지 않았을 것이라고 생각합니다.

일단 예비지식은 이 정도로 해두고 「슈뢰더 하우스」가 실제로는 어떤 모습인지 살펴보기로 할까요.

리본을 두른 작은 선물 상자

「슈뢰더 하우스」는 유트리히트의 변두리 도로에 위치하고 있습니다. 현재는 주변으로 도시가 확장되어 있지만 당시 이곳은 시가지에서 가장 변두리에 속했습니다. 그 뒤쪽으로는 완만하게 이어지는 전원과 수풀이었다는 것이 지금도 그곳에 서서 보면 쉽게 상상할 수 있습니다. 그뿐만 아니라 도심에서 연속되게 세워진 집합주택이 바로 앞에서 끝나고 있어 그곳이 얼마나 변두리였는지를 알 수 있게 해줍니다.

슈뢰더 부인과 리트벨트가 함께 대지를 찾으러 다녔다고 하는데, 이 대지를 발견했을 때 두 사람은 아마도 무의식중에 서로 얼굴을 마주하고 고개를 끄덕였음이 틀림없을 것입니다. 일조도 조망도 멋지고, 뒤쪽으로는 집합주택의 벽돌벽이 둘러쳐져 있었습니다. 다른 세 방향은 도로와 빈터로 둘러싸인 완전한 열린 공간이었으므로, 몬드리안의 추상회화를 입체적으로 만든 것 같은, 입면 전부를 정면으로 생각하는 건축을 완성시키기에는 안성맞춤의 대지였습니다. 게다가 경관조례가 까다로운 유트리히트의 관청도 "여기라면 괜찮습니다."라고 하여 건축규제도 어느 정도 눈감아주었다는 이야기도 들었습니다. 마치 「슈뢰더 하우스」가 지어지기를 간절히 기다리고 있었던 땅이었다는 생각이 드네요.

집합주택의 맨 끝부분에 있는 측면의 벽돌벽에 부자연스러운 듯이 「슈뢰더 하우스」가 지어져 있는데, 그 당돌한 인상은 집합주택이라는 수수한 전집을 멋진 책꽂이가 지지하고 있는 듯하게도 보인답니다.

또 그 집은 제가 사진 등을 통해 막연하게 상상해왔던 스케일보다

도로를 사이에 두고 보는 「슈뢰더 하우스」 외관. 그곳까지 이어지던 대규모의 집합주택은 이곳에서 이 귀여운 작은 선물 상자와 같은 건물로 끝이 납니다. 상상했던 것보다 훨씬 작아 보이는 집이었습니다.

데 스틸의 느낌을 살려 선명하게 도색된 현관의 초인종과 창문 주변.

북동쪽의 정면. 페인트칠을 한 면은 흰색에서 짙은 회색까지 4단계로 칠해져 있습니다. 이러한 색채 사용을 비롯해 벽과 개구부의 역동적인 대비나 면과 선의 대비가 이 집을 신선하게 상징짓고 있습니다.

훨씬 작았는데, 삼원색의 리본을 두른 작은 선물 상자와 같은 모습도 생각나게 합니다. 또한 조금도 뽐내고 있다는 인상을 받지 않았다는 것이 의외였습니다. 데 스틸 운동의 대표작이라고 하기에 기세등등한 귀부인과 같은 차가운 인상을 예상해서 약간의 마음의 준비를 하고 왔는데 막상 보니 그런 느낌은 별로 느껴지질 않았습니다.

건축사 교과서나 연구서를 일단 덮어놓고 솔직한 감상을 한마디로 요약한다면, 그것은 사랑스럽고, 호감이 가는 〈작은 집〉이라는 인상이었습니다.

커다란 가구 같은 집

외관만 봐서는 작은 집으로 생각되었던 그 집은 내부가 볼거리였습니다. 1층, 2층을 합해도 약 40여 평이므로 면적으로는 그렇게 크지 않았지만 내부의 공간밀도라고나 할까요, 다종다양한 아이디어가 집의 여기저기에 아로새겨져 있었고, 그 하나하나에 유쾌한 공간연출이나 주장이 있었기에 전체로서는 상당히 볼거리가 있는 곳이었습니다. 그것을 요리로 비교한다면 메인 요리의 양이 많아 풍성했다는 느낌이 아니라, 소량씩 아름답게 담겨진 일품요리의 접시가 차례대로 운반되어 와

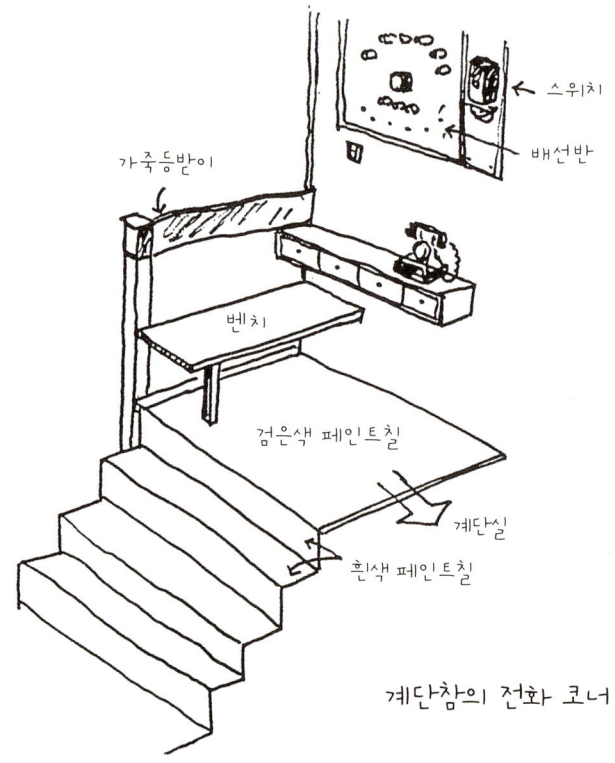

계단참의 전화 코너

어느새 배가 불러오는 포만감에 가까울지도 모르겠습니다.

　예를 들어 1층 입구에 있는 다실茶室의 휴게실 형식을 띤 벤치, 현관 옆에 아이들의 장난감을 장식한 선반, 코트를 걸어둔 옷장의 아랫부분에 설치된 난방장치, 계단실 입구에 있는 자동 닫힘 장치가 달린 커다란 미닫이문, 그림처럼 전선을 배치한 배전반, 좁은 공간을 넓어 보이게 한 유리난간과 천장에 칠한 색채의 효과, 1층 부엌과 2층 식당을 연결한 식기선반에 장착된 리프트(소형 화물 엘리베이터) 등. 또한 2층에는 식당 코너 창의 각 기둥을 없앤 디테일, 계단실 전체를 둘러싼 유리 정육면체, 네온관을 이용한 구성주의 이론의 견본과 같은 조명기구, 마

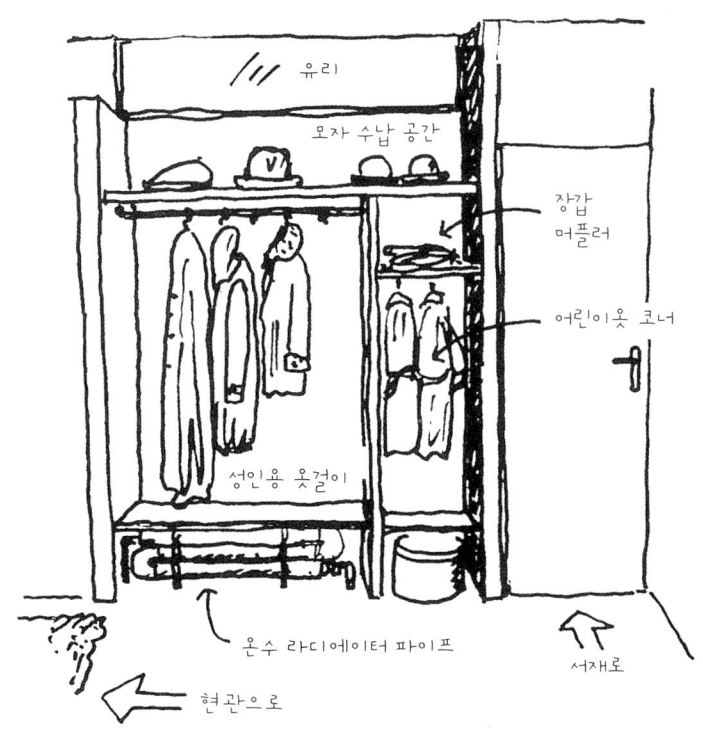

현관홀 옆에 있는 서재. 벽은 천장까지 이어지지 않고 도중에 끊겨 있습니다. 그리고 상부에는 유리가 끼워져 있더군요.

2층으로 향하는 계단. 계단참에 전화 코너가 있고 가죽등받이가 있는 벤치가 설치되어 있네요. 중간에 있는 미닫이문은 매달려 있는데 자동 닫힘 장치에 의해 저절로 닫히게 되어 있습니다.

루·벽·천장을 불문하고 채색되어진 회색의 그러데이션gradation과 삼원색, 작은 문의 선반에까지 베풀어진 섬세한 시공이나 배려, 리트벨트를 일약 유명하게 만든 초기의 목재가구들이 여기저기 놓여져 있는 등, 데 스틸이라는 조형의 숨결을 듬뿍 불어넣은 창의적인 배려들이 일제히 울려 퍼져 마치 몬드리안, 리트벨트, 슈뢰더 부인의 삼색 열기가 넘친 혼합 합창단에 둘러싸인 기분이었습니다.

그 열기 속에서 이 집의 건축적인 주된 주제를 떠올린다고 한다면, 2층이 천장까지 미닫이문에 의해 완전히 개방된 원룸에서 침실 세 개와 거실·식당의 〈田〉자형으로 4분할되는 곳으로 바뀐다는 것입니다. 미닫이문의 전통을 가지면서 낮의 거실이 밤에는 침실이 되는 융통성 있는 생활이 지금 현대를 살고 있는 우리에게는 그렇게 진귀한 아이디어는 아니지만, 이 아이디어는 70년 전의 네덜란드에서는(서구라고 해야 하는 것이 옳을 수도 있지만) 필시 기발하고 획기적인 아이디어였음이 틀림없습니다.

〈미닫이문〉이라고 하기보다는 〈슬라이딩 월(sliding wall, 이동식 칸막이벽)〉이라고 부르는 편이 설계 의도를 더 정확히 전달하는 그 〈이동하는 벽〉을, 젊은 학예원 청년이 실제로 전부를 개폐하면서 보여주었지만 차례가 복잡하고 상당한 요령도 필요한 듯했습니다. 청년이 도중에 손가락이 끼이는 바람에 혀를 내두르는 등 재미있는 모습을 보이기도 했는데 정말 시간이 걸리는 작업이었습니다. 그 많은 작동법과 장치들이 수작업에 의해 지탱되고 있는 모습을 통해 건축가라기보다는 분명 가구기능공이었던 리트벨트의 다른 얼굴을 들여다보게 되었습니다.

© Centraal Museum Utrecht | Rietvelt Schröder huis, 1924

© Centraal Museum Utrecht | Rietvelt Schröder huis, 1924

유리로 폐쇄된 계단실. 오른쪽 페이지의 가구를 모두 늘어놓은 사진과 비교해 보기 바랍니다.

두 딸의 침실에서 거실·식당 방향을 봅니다. 완성 당시, 정면에 보이는 L자형의 창문에서 바라본 조망은 정말 훌륭한 것이었습니다.

© Centraal Museum Utrecht | Rietvelt Schröder huis, 1924

거실에서 계단실을 통해 대각선으로 딸들의 침실을 봅니다. 이 계단실을 폐쇄하는 가구의 구조는 마치 퍼즐이나 지혜의 창고와 같아 그것이 열리고 닫히는 작업을 숨죽이고 지켜보았습니다.

© Centraal Museum Utrecht | Rietvelt Schröder huis, 1924

거실에서 외아들의 침실을 바라보았습니다. 일견 크고 작은 상자를 잡다하게 쌓아놓은 것같이 보이는 수납장에는 오디오 세트 등이 들어 있습니다. 뒤에 있는 것이 침실을 구획하는 문입니다.

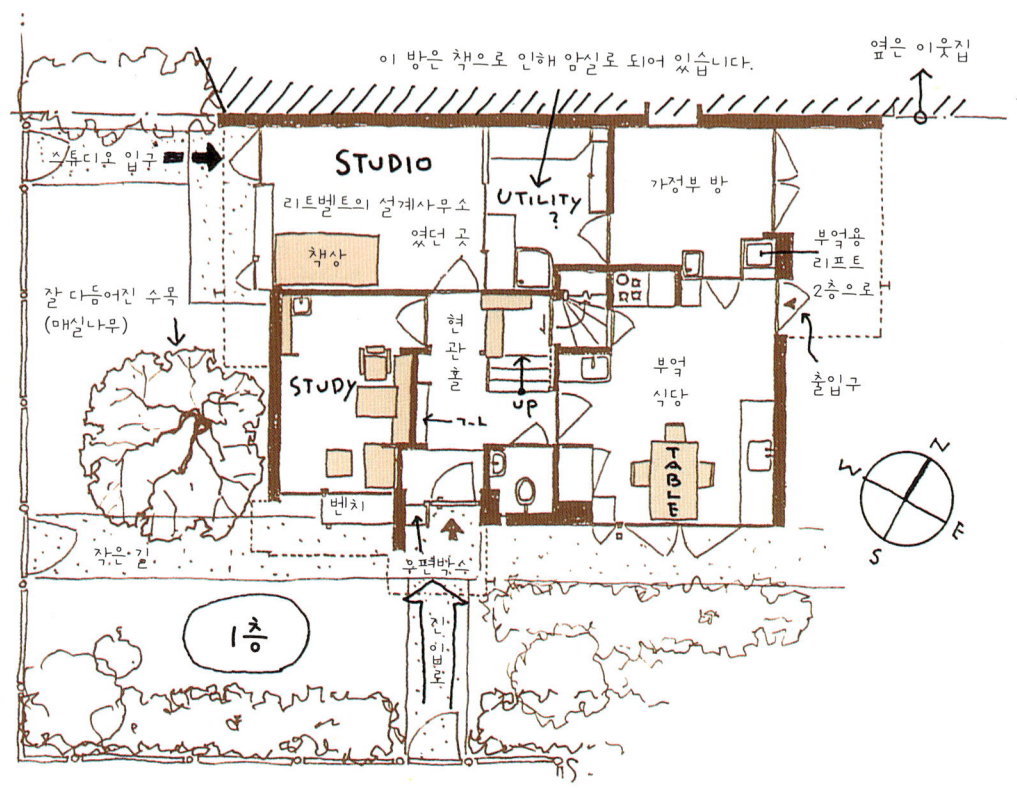

GERRIT RIETVELD SCHRÖDER HUIS 1924

1층 평면도

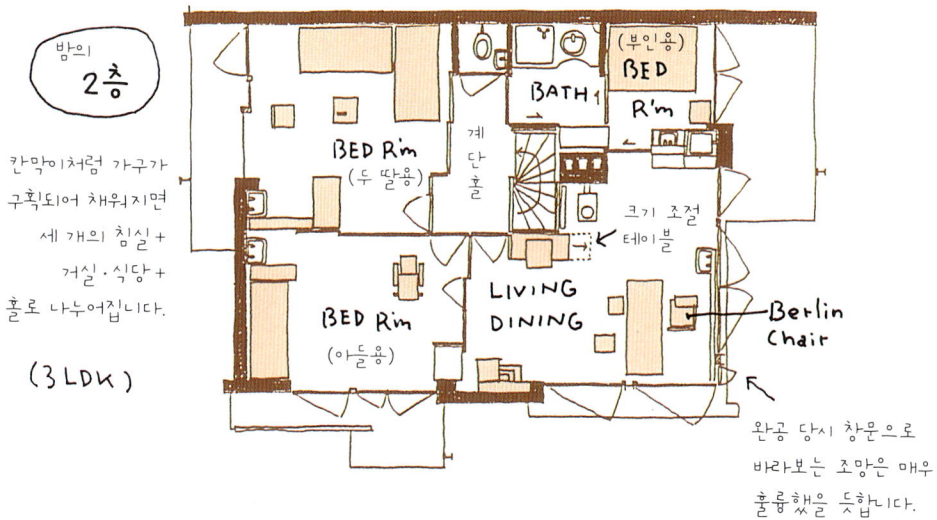

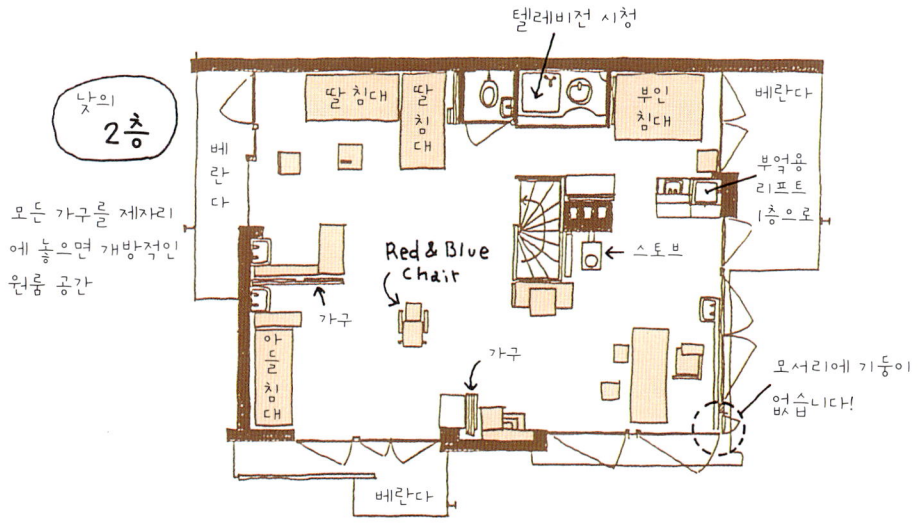

239 슈뢰더 하우스

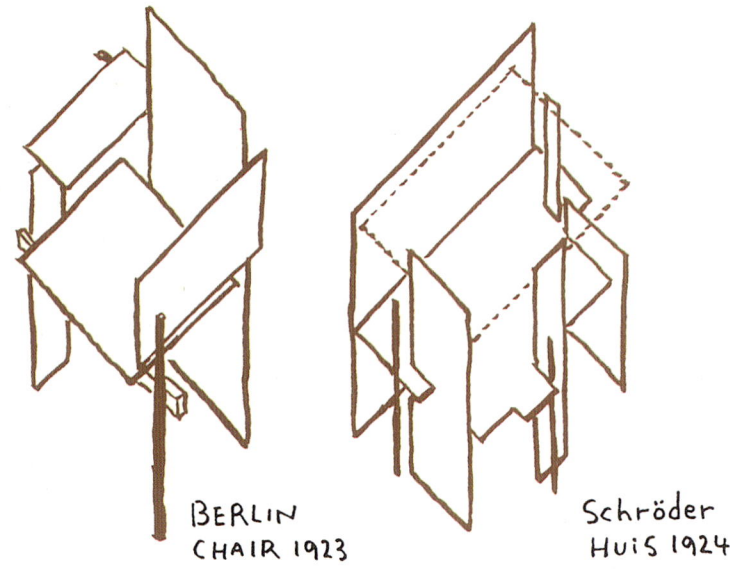

BERLIN CHAIR 1923   Schröder Huis 1924

　이 집은 「적색과 청색의 의자」와 「베를린 의자」를 주택의 형태로 발전시킨 것이라고 리트벨트는 해설 속에서 말하고 있지만, 어쩌면 이 시점에서 리트벨트는 건축을 설계하고 있다는 의식은 그다지 없었고, 이 집을 자유자재로 변환 가능한 〈커다란 가구〉로 생각하고 있었는지도 모를 일입니다.

　더 나아가 리트벨트는 이동이라는 움직임을 따라가 3차원으로 직각으로 교차하는 선과 면의 입체 구성의 묘미를 잠재적으로 추구하고 있었던 것은 아닌가 하는 가설도 머릿속에서 떠올랐습니다. 떠돌아다니는 커다란 색면이 사방으로부터 직각으로 미끄러지기 시작하기도 하고 안으로 삽입되기도 하면서 여러 가지 다양한 입체 구성을 보여주는

© Centraal Museum Utrecht | Rietveld Schröder huis, 1924, Foto: Fotodienst Gemeente Utrecht | J. Denters

「베를린 의자」도, 「슈뢰더 하우스」도 같은 구성원리로 되어 있다는 것은 투시도를 그려보면 잘 알 수 있습니다. 위의 그림은 내부를 가구로 구획했을 때의 「슈뢰더 하우스」 2층 모습입니다. 가구에 의해 〈田〉이라는 문자 형태의 평면을 만들어내는 수법은 동양 건축에서도 찾아볼 수 있습니다.

것은 환상적이고 아름다운 이미지를 만들어냅니다.

　몬드리안의 추상평면을 가구라는 형태에서 집이라는 입체로 발전시킨 리트벨트가, 다시 그 입체에 움직임이라는 시간의 개념을 더해 주려고 하다가 자신도 모르는 사이에 〈이동하는 가구〉를 만드는 것에 구애되었다라고 보는 것은 조금 지나친 해석일까요?

　구체적으로는 이렇게 해서 나누어진 침실 중 하나는 두 명의 딸을, 하나는 아들을, 남은 하나는 슈뢰더 부인을 위한 것입니다. 부인은 작은 체구의 여성이었다고 하는데 신장을 기준으로 한 침대의 치수는 몹시 작았으며, 욕실·세면 코너도 원룸 맨션형의 최소한의 치수로 되어 있었습니다.

　반대로 전부를 개방한 2층은 부인이 의도한 대로 시각적으로도 느긋하고 개방되어 있는 느낌이며, 동남쪽의 풍부한 일조와 조망의 해택

스튜디오 외관. 도로 쪽에서 직접 출입이 가능합니다. 리트벨트는 이곳에 건축설계사무소를 개설하여 창틀에 모형을 장식하고 통행하는 사람에게(이곳은 교외라서 통행하는 사람이 적었겠지만요.) 자랑하듯 보여 주곤 했답니다.

을 받고 있어 거주성 또한 만점이었다는 것도 곧바로 알 수 있었습니다. 이와 같이 낮과 밤에 완전히 대조적인 기분을 맛볼 수 있다는 것도 이 집의 설계 의도의 하나였는지 모르겠습니다.

계단 밑에는 서재, 부엌, 손님방, 다용도실과 스튜디오가 있었습니다. 집이 완성된 후 리트벨트는 잠시 동안 이 스튜디오를 자신의 건축설계사무소로 사용했습니다. 도로에 면한 돌출된 창의 창틀에 계획 중인 건축모형 등을 장식하기도 해 건축가인 자신을 자랑스럽게 세상에 알리고자 했다고 합니다.

61년간 거주한 전위주택

리트벨트는 76세에 사망했지만, 확고한 장인정신을 갖춘 건축가이자 가구디자이너로서 마지막 순간까지 항상 새로운 가능성을 추구하는 개척자의 정신을 잃어버린 적이 없다고 합니다. 말년에는 아이들과 결별하고 「슈뢰더 하우스」로 이사해서 슈뢰더 부인과 지냈다고 합니다.

한편 슈뢰더 부인은 집이 완성된 1924년부터 61년 동안 줄곧 이 집에서 살다가 1985년 94세의 나이로 사망했습니다. 그녀는 건축사에서도, 두 사람의 역사에 있어서도 기념비가 된 이 전위주택을 생애에 걸쳐 애지중지하며 지켰다고 하네요.

「작은별장」
1956

르 코르뷔지에 · 작은 별장

프랑스 / 카프 마르탱 / 1956년

르 코르뷔지에 Le Corbusier, 1887-1965

건축가는 건축가가 되기 위해 〈건축 행각〉이라고도 할 수 있는 여행을 한다. 말을 바꾸면 건축가가 되고 싶은 사람은 여행에 의해 건축가가 되는 듯하다. 르 코르뷔지에는 그러한 의미에서도 위대한 선구자 중 한 사람이었다. 청년시절에 반복된 여행은 그에게 있어 측량할 수 없을 정도로 깊은 의미를 가져다주었다.

여기에서는 르 코르뷔지에의 여러 여행들 중에서도 특히 〈지중해와의 만남〉에 관하여 기술하고자 한다. 해수욕을 좋아했던, 애초부터 지중해 사람이었던 르 코르뷔지에는 1965년 8월 남부 프랑스에 있는 자신의 작은 별장 근처 카프 마르탱에서 해수욕을 하던 도중 심장발작을 일으켜 자신이 그토록 좋아하던 지중해로 돌아갔다. 당시 78세였으며, 그때까지도 현역이었던 불세출의 건축가의 급작스러운 죽음은 각 방면에서 많은 애도를 불러왔다.

Le Corbusier
Le Cabanon

주택순례

1983년 늦여름, 저는 프랑스 중부의 오베르뉴 산 속에 남아 있는 로마네스크 형식의 교회를 〈루 푸이의 길〉이라 부르는 중세의 순례길을 더듬어 찾아가는 여행을 하고 있었습니다. 철도와 버스를 번갈아 갈아타고 마지막에는 걸어서 가는 배낭여행이었습니다.

당시 저는 그때까지 근무하고 있던 요시무라 설계사무소를 사직하고 독립한 지 얼마 안 된 때여서 작업다운 작업도 없었고 돈도 물론 없었지만 다행스럽게도 시간만큼은 많이 남아 있었기 때문에 시간에 얽매이지 않고 그런 낙천적인 여행을 할 수 있었습니다.

〈독립했다〉고 하면 남들이 듣기에는 허울 좋게 보이겠지만 실제로는 〈실업자가 되었다〉와 같은 뜻입니다. 그러나 요시무라 같은 건축의 달인을 스승으로 모시고 있어서였을까요, 그 후에 다른 건축가 밑에서 월급쟁이를 할 필요는 없을 것 같은 기분이 들었습니다. 그리고 재취업을 할 수 있는 연령도 아니기 때문에 직접 설계사무소를 열게 된 것입니다.

기묘한 표현이 될지도 모르겠지만, 되돌아보면 그때가 제 개인의 〈중세〉 또는 〈로마네스크 시대〉였다고 말할 수 있을지도 모르겠네요. 그 무렵 저는 중세, 그 중에서도 특히 로마네스크 시대의 미술과 건축에 재미를 붙여 그와 관련된 미술서적 등을 싫증 내지 않고(여하튼 시간만은 주체할 수 없을 정도로 많았기 때문에) 보고 있었습니다.

그런 일들을 하고 있자니 실제로 그 장소를 찾아가 보고 싶어지는 것은 당연한 거라고 여겼으며, 그렇지 않아도 여행을 좋아했기 때문에 어디라도 가보고 싶은 마음이 들었습니다. 그래서 결국 얼마 안 되는 저금을 찾아 로마네스크 순례 여행을 떠나게 되었죠.

그리고 염원했던 오베르뉴 산중의 교회나 수도원을 한 차례 순례하면서 걸었는데, 결국 지중해까지 오게 되니 이제 왠지 〈로마네스크〉라는 긴 터널을 빠져나온 것 같은 기분이 들었습니다. 좀 더 말한다면 신들린 마귀가 떨어져나가 버린 느낌이라고나 할까요. 그리고 돌연 근대건축이나 현대건축이 마구 보고 싶어졌습니다.

때마침 저는 프랑스와 이탈리아의 국경에 위치한 도시인 망통Menton

에 있었기 때문에, 분명 그 주변에 르 코르뷔지에의 여름별장이 있다는 생각이 떠올라 힘껏 찾아 돌아다녀 보았지만, 작은 집인 데다 지리를 모르는 여행자가 마치 어두운 구름 속에서 바늘을 찾는 것과 같아서 아무리 걸어 다녀도 도저히 찾을 수가 없었습니다. 결국 아쉬운 여운을 남긴 채 귀국할 수밖에 없었습니다.

르 코르뷔지에의 여름별장을 제가 처음으로 찾아간 것은 그로부터 6년 후, 1989년 12월이었습니다. 세계에 남아 있는 주택의 명작을 찾아 걸어 다니는 여행, 즉 저의 〈주택순례〉는 그때부터 시작되었습니다.

지중해 품에 안기어

스위스 북부의 쥬라 산중에서 태어난 건축가 르 코르뷔지에가 처음 지중해를 본 것은 몇 살 때였을까요?

처음 본 지중해에 르 코르뷔지에는 완전히 매료되어 생애에 걸쳐 그 무엇보다도, 그 누구보다도 이 바다를 사랑했습니다. 생애라고 썼지만 말로만 그런 것이 아니었고 실제로 르 코르뷔지에는 그의 생애를 이 지중해에서 마치게 됩니다.

1965년 8월 27일, 르 코르뷔지에는 코트 다쥐르의 동쪽 카프 마르탱 해안에서 평소 그가 좋아하던 수영을 즐기던 중 심장발작을 일으키면서 돌아올 수 없는 사람이 되었습니다. 아니 그렇게 쓰기보다는, 르 코

르 코르뷔지에의 작은 별장으로 가는 접근로의 좁은 길에서 내려다본 해안입니다. 르 코르뷔지에는 매년 여름, 이 해안에서 해수욕을 즐겼습니다. 인적이 드문 정말 아름다운 해변입니다.

르뷔지에는 검푸른 물결에 안겨 〈지중해라는 어머니〉에게로 돌아갔다고 표현하는 편이 좋을지도 모르겠네요.

그날 르 코르뷔지에가 발견된 곳은 가베 해안이라는 모래사장이 아니라, 한 면에 작은 돌과 자갈을 깔아놓은 것 같은 해변이었습니다. 파도가 칠 때 이 해변을 걷고 있노라면 밀려왔던 파도가 다시 빠져나갈 때, 아마도 헤아릴 수 없이 많은 작은 돌 사이를 기운차게 빠져나가는 탓이겠지만, 작은 물방울이 일제히 굴러가는 것 같은 맑은 소리를 들을 수가 있습니다. 물론 르 코르뷔지에도 이 깊고 미묘한 소리를 들으면서 모양 좋은 작은 돌이나 떠다니는 나뭇가지를 주우면서 걷는 한때를 틀림없이 즐겼을 것입니다.

그 해변에서, 거리로 말한다면 100미터 정도 높이는 8미터 정도 위로 올라간 계단처럼 된 구릉지에 조용히, 르 코르뷔지에가 「르 카바농(작은 별장)」이라고 불렀던 자랑스러운 별장이 세워져 있습니다.

"이 휴가별장에서 살 수 있게 되어 기분은 정말 최고다. 나는 아마도 여기에서 일생을 마치게 될 것이다."

숙명적인 예감 같은 것이 들었던 것은 아니었을까요? 아니면 잠재적인 소망이었던 것일까요? 이런 암시적인 말들을 죽기 반 년 전부터 르 코르뷔지에는 남기고 있었습니다.

불가사리와의 우정

카프 마르탱의 〈카프〉는 프랑스 말로 〈산기슭〉이라는 의미입니다. 이 산기슭 맞은편 쪽에는 이탈리아와의 국경 도시인 망통이 있는데 그곳은 상당히 번화한 곳이지만 산기슭 쪽은 한적하고 소박한 해변의 풍경이 펼쳐져 있습니다.

르 코르뷔지에가 이곳에 자신의 휴가별장을 갖게 된 계기나 그 별장에 대해서, 또는 카프 마르탱 부근에 르 코르뷔지에가 기획한 다양한 프로젝트(그 대부분은 실현되지 않았지만요.)와 그 경위에 대해서는 『르 코르뷔지에, 카프 마르탱의 휴가』라는 책에 상당히 자세하게 나와 있습니다.

저는 그 책을 약 8년 전에 파리의 어느 서점에서 구입했습니다. 구입한 것까지는 좋았는데 내용이 프랑스 어로 되어 있어 줄줄 읽을 수도 없어 그저 천천히 들여다보면서 이런저런 생각을 짜 맞추어 가면서 읽었습니다. 다행히도 책에는 사진이나 스케치, 도면 등이 많이 들어 있어 그렇게 읽어 내려가도 어느 정도는 내용을 이해할 수가 있었습니다.

그러나 역시 그림만으로 읽어 내려가는 것으로는 만족할 수가 없어, 결국 저는 파리에 사는 친구에게 개인적으로 번역을 부탁한 후에야 그 책을 다 읽을 수가 있었습니다.

이제까지 저는 몇 번이나 이 별장을 방문하고 있는데, 이렇게 된 계기도 사실은 어찌 보면 그 책 덕분이었습니다. 번역해준 친구에게 책의 내용을 물어보다 보면 이해하기 어려운 내용들이 다시 나오기도 하고, 의문점에 고개를 쳐들기도 하고, 서로 의견충돌이 일어나기도 해, 결국에는 "이렇게 할 바에야 차라리 직접 현장에 가서 확인해 보자."라는 마음이 들어 지금까지 네 번 정도 이 별장으로 발길을 옮기게 되었던 것입니다.

그렇게 적극적으로 노력한 보람이 있어서인지 친구의 그 번역이 일본에서 책으로 출판되었습니다. 여기에서 그 책의 핵심을 요약하여 소개해 드리면 다음과 같습니다.

카프 마르탱에는 〈E 1027〉, 통칭 〈흰 집〉이라 불리어지는, 에일린 그레이Eileen Gray와 장 바도비치Jean Badovici의 공동 설계로 지어진 별장들이 있는데, 그곳은 파리의 전위예술가들이 모이는 작은 집합 장소가 되고 있었습니다. 르 코르뷔지에도 이 별장들이 연속해서 이어진 풍경과 그 주변의 경관이 마음에 들어 어느 때인가 도시계획과 같은 큰 프로젝트를 정리하기 위해 그곳을 전세 내어 약 20명 정도의 사무소 직원을 데리고 와서 여기에서 작업을 하게 되었습니다.

그런데 이곳은 도시에서 멀리 떨어진 불편한 변두리였기 때문에 일단 직원 20명분에 대한 하루 세 끼의 식사 준비가 문제가 되었습니다. 하지만 운이 좋았나 봅니다. 마침 바로 가까운 곳에 막 개업한 〈불가사리L'Étoile de mer〉라는 이름의 식당이 있어서 다행히도 그곳에 식사 일체를 부탁하게 되었습니다.

게다가 르 코르뷔지에는 그 식당의 토마 르뷰타트라는, 소박하고도 강건함을 겸비한 쾌활한 주인아저씨와 완전히 의기투합해 버렸습니다. 도회지에서 온 유명인과 그곳에 살고 있는 시골사람과의 따뜻한 교류라는 내용의 개략적인 줄거리에서 독자 여러분은 이미 눈치 챘을 듯합니다. 영화 「일 포스티노 Il Postino」(1995)의 스토리 그대로였습니다.

처음 그 영화를 보았을 때 저는 어디선가 비슷한 이야기를 "알고 있는 듯한데, 알고 있는 듯한데……" 하면서 보고 있었는데, 르 코르뷔지에와 르뷰타트의 관계가 갑자기 떠오르면서 마치 깜깜한 영화관 안에서 그리운 친구에게 위로를 받는 듯한 느낌을 받았습니다.

완전히 친밀한 동지가 된 두 사람은 마치 짓궂은 어린 아이들이 계속해서 새로운 놀이를 고안해 내는 것과도 같이 무언가 여러 가지 일을 함께 꾸미게 됩니다. 르 코르뷔지에는 태생적으로 일하는 것을 좋아하는 사람으로, "말하고 싶은 것, 하고 싶은 것이 많아 조금이라도 가만히 있지 못하는 사람이었습니다."라고 제가 쓴 적이 있는데, 여름휴가 중에는 한가하게 지내야 하지만 그런 통념과는 상관없이 머리와 손만은 바쁘게 움직이고 있었던 듯합니다.

예를 들면 그 식당의 테라스에서 산 쪽으로 바라보면 보이는 대지에 누가 부탁하지도 않았는데도 리조트 맨션을 계획해서 (홍보를 잘해서) 팔려고 하고, 대지 조사나 설계에도 대단히 많은 시간과 정성을 담아 (물론 르 코르뷔지에 사무소의 작업으로) 몰두해 보기도 하고, 해안에 암석이 펼쳐진 장소에도 마찬가지로 리조트 목적으로 간소한 집합주택을 계획해 공사자금 조달에서부터 건축허가신청까지 한 후에 갑자기 중단하는 식이었습니다.

결국 이들 계획안 중에서 실현된 것은 르 코르뷔지에의 휴가별장과, 르뷰타트를 위해 지은 〈캠핑장〉이라고 부르는, 바캉스 손님을 대상으로 한 방갈로 형식의 긴 가옥뿐이었습니다.

르 코르뷔지에 자신의 휴가별장은 이러한 얼마간의 프로젝트의 견본과 같은 성격을 갖고 있었기 때문에, 결국 그 수많은 계획의 부산물로 생겨나게 된 것이라고도 말할 수 있을 것입니다.

4평짜리 집

이 휴가별장은 〈코트 다쥐르에 있는, 르 코르뷔지에라고 하는 세계적으로 유명한 건축가의 별장〉이라는 매우 호화롭고 훌륭한 이미지와는 걸맞지 않게 「작은 별장」이라는 이름에서도 알 수 있듯이 정말 놀랄 정도로 작고 간소하게 꾸며져 있습니다.

로크브륀느 카프 마르탱 역에 나 있는 작은 길에는 〈프롬나드 르 코르뷔지에〉라는 명판이 설치되어 있습니다.

저는 그 작은 집의 크기와 형태를 『르 코르뷔지에 작품집』에서 알게 되어 찾아가게 되었는데, 이미 다 알고 있었음에도 불구하고 처음 그 장소에 힘들게 도착했을 때에는 "음, 이거구나!" 하고 새삼 감탄했습니다.

〈프롬나드 르 코르뷔지에〉라고 이름 지어진, 사람이 겨우 스쳐 지나갈 수 있을 정도가 고작인 자갈길을 인근 기차역 로크브륀느 카프 마르탱에서 10분 정도 걸어서 허술한 진입 계단을 통해 오른쪽 아래 방향으로 내려가면, 우선 왼쪽으로 공장에서 생산한 자재를 이용해서 현장에서 지은 르 코르뷔지에의 작업실이 있고, 그 오른쪽 깊숙한 곳에 커다란 쥐엄나무의 그늘 아래에 웅크리고 앉아 있는 것처럼 눈에 들어오는 것이 바로 르 코르뷔지에의 「작은 별장」입니다.

대지에는 작은 단층 모양으로 되어 있고 별장 앞에는 아주 작은 공지만 있을 뿐 별장의 경사는 그대로 해안의 바위로 이어지게끔 되어 있습니다. 별장의 정면은 물론 지중해이며, 멀리 보이는 풍경에서 바다 위로 돌출되어 있는 곳의 앞쪽 부분이 모나코입니다.

커다란 쥐엄나무의 그늘 아래 몸을 웅크린 듯 세워진 4평 크기의 별장. 접근로 끝에 보이는 페르골라는 르뷔타트가 운영하는 식당의 테라스를 덮고 있네요.

별장에서 약 9미터 정도 떨어진 곳에 르 코르뷔지에의 작업실이 있습니다. 안에는 바다를 향해 커다란 테이블이 하나 놓여 있는데, 그곳은 조약돌, 뼈, 조개껍질 등 수집품을 놓아두는 곳이기도 했답니다.

일건 통나무집 풍의 외관. 통나무의 바깥 부분을 수평이 되게 붙여서 사용하고 있습니다. 처음에는 금속판으로 외벽을 처리하려 했는데 최종적으로 이 소박한 소재로 인해 안정감을 갖게 되었습니다.

  이 작은 별장은 언뜻 보면 통나무로 만든 일반적인 집으로 보이겠지만, 실제로는 통나무의 겉 부분(즉, 나무 바깥의 둥근 부분)을 붙인 판이 외벽 재료로 사용되고 있습니다. 지붕은 곡면이 큰 석면 슬레이트이며, 지붕의 측면에 설치된 판도, 처마 끝의 서까래를 감추기 위해 설치된 판도 붙이지 않고 아무렇게나 그저 얹어놓고 있을 뿐이었습니다.

  이러한 소재의 선택이나 사용법은 제가 알고 있는 한 르 코르뷔지에의 건축 기법에는 없었습니다. 저는 무심코 멈추어 서서 팔짱을 끼고 한참 외관을 바라보면서 르 코르뷔지에다운 조형적 특성을 찾아내려

별장 입구의 문과 약간 풍화되어 보이는 바닥. 콘크리트에 작은 돌을 넣어 모양을 만든 것은 아마도 식당 주인이었던 르뷰타트의 솜씨인 것 같습니다.

복도에서 입구를 봅니다. 벽 한 면에 그려진 벽화는 색상이 뛰어나고 익살스럽습니다. 정면은 푸른빛이 도는 지중해이구요. 외부와 내부와의 사이에 있는 좁다란 통로가 다실의 작은 출입구와 같은 효과를 내고 있습니다.

입구의 문을 열면 복도와 같은 홀이 나옵니다. 정면에는 옷걸이 고리가 모듈에 맞춰 배치되어 있습니다. 왼쪽 벽은 르 코르뷔지에가 직접 그린 벽화 마감입니다.

식당과의 사이에 있는 벽에는 배 갑판의 승강구와 같은 쪽문이 달려 있어 직접 식당으로 식사하러 갈 수 있도록 되어 있습니다. 그 벽에 르 코르뷔지에는 산뜻한 큐비즘의 벽화를 그려 놓았습니다.

고 했는데, 이상하리만큼 세로로 긴 창문의 비례에서나마 그 일부가 약간 엿보일 뿐이었습니다.

그러나 입구의 문을 열어 실내로 한 발자국 발을 들여놓으니, 바로 그곳에 르 코르뷔지에만의 훌륭한 건축 세계가 전개되고 있었습니다.

입구 왼쪽 벽의 한 면에 그려진 큐비즘의 벽화, 그 벽의 일부에 설치된 르 코르뷔지에가 좋아하는 선실船室을 생각나게 하는 모퉁이가 둥근 해치 형태의 쪽문, 복도 맞은편 벽에 설치된 옷걸이를 위한 고리의

복도를 구획하는 패널 벽 앞에 놓인 옷장. 르 코르뷔지에는 미닫이문을 훌륭하게 다루는 사람으로, 여기서도 문고리를 문짝이 휘는 현상을 방지하는 데 이용한다는 교묘한 디테일을 보여주고 있습니다.

침대 머리 부분의 디테일. 목재 베개의 형태나 가공된 가구를 보는 것만으로도 르 코르뷔지에의 얼굴이 떠오른다면 당신도 어엿한 〈코르뷔지에 귀하〉입니다.

방의 한쪽 귀퉁이에는 환기용으로 세로 창이 있고 바로 옆에는 닫힌 상태의 정방형 창문이 있습니다. 세면기 왼쪽 위에 있는 사진은 개와 놀고 있는 르 코르뷔지에의 아내 이본느 부인의 사진입니다.

르 코르뷔지에 260

번쩍번쩍 빛나는 스테인리스로 된 세면기의 당돌한 인상이 르 코르뷔지에의 세면기에 대한 편애를 말해주고 있습니다. 오른쪽 창의 접이문에 붙여진 거울이 바로 세면용 거울이 됩니다.

커튼으로 차단되는 최소한도의 화장실 공간. 르 코르뷔지에는 화장실의 쾌적함에 대해서는 관대했던 듯, 좁은 공간에 무리하게 화장실을 설치하는 사례가 자주 있습니다.

배치 등은 자유로워 보이면서도 사실은 엄밀한 모듈에 의해 위치가 결정되어 있는 등 그만의 건축 세계가 엿보였습니다.

   그리고 드디어 실내로 들어왔습니다.

   실내는 정방형으로 한 변이 3.66미터인 원룸입니다. 안에는 소파로도 사용되는 침대 두 개와 사이드 테이블, 손으로 만든 붙박이 서가와 테이블, 옷장 한 개, 거기에 등받이가 없는 상자 모양의 의자 두 개가 있고, 그 밖에 세면기가 붙어 있는 선반이 붙박이 형태로 설치되어 있습니다. 가로와 세로가 각각 3.66미터인 정사각형에서 벗어난 방의 구

태양빛이 넘치는 밝은 외부와는 대조적으로, 합판 벽과 목재가구의 갈색 색조가 지배하는 실내에는 잔잔하고도 어두운 분위기가 감돌고 있습니다.

석에는 아주 작은 화장실이 자리 잡고 있습니다.

결국 실내는 거실 겸 서재인 동시에 세면실이 딸린 침실이었다는 것을 알 수 있습니다. 이 방에는 부엌과 욕실의 설비가 없어 식사는 모두 이웃한 르뷰타트의 식당에서 해결한 듯했으며, 목욕은 밖에다 만든 간단한 샤워 시설로 해결했다고 하네요.

마루는 쪽매이음으로 이루어진 나무판으로 이어져 있고, 벽과 천장은 베니어판으로 마무리되어 있고, 개구부가 작아 간소한 실내는 왠지 다실과 같은 분위기가 머물고 있는 것 같았습니다. 관심을 가지고 주위를 둘러보니, 외부에서 들어오는 빛과 밖의 조망이 작은 창에 의해 철저하게 조절되고 있다는 것과, 높이에 변화가 있는 천장(본래는 법규에 따라 천장 높이를 일부분 올려야 했는데, 그럴 바에는 그 높이의 차이를 이용해서 천장의 안쪽에 트렁크나 낚싯대 등을 집어넣으려고 했던 것이지만요.) 등이 다실의 분위기를 자아내게 하는 원인이라는 것을 알았습니다.

또한 일견 아무렇지 않게 만든 것으로 보이지만 주의 깊게 살펴보면 사실은 무척 고심한 흔적이 엿보이는 가구나 세간의 배치가 실내 분위기에 일종의 긴장감을 불러일으키게 하고 있는 것도 다실의 분위기를 연상케 하는 한 요인인지도 모르겠습니다.

앞에서 제가 소개한 책에는 르 코르뷔지에의 숨결을 느끼게 하는 실내의 스케치나 가구 스케치가 몇 장 수록되어 있어 꽤 괜찮은 볼거리를 제공하고 있습니다. 그 이유는 스케치에 적힌 모듈에 관한 메모나 간단히 그린 그림 등을 통해 르 코르뷔지에가 이 실내에 〈최소한의 모듈〉이라는 건축적 테마나 선실과도 같은 기능적인 공간을 추구하고 있

© FLC/ADAGP, Paris & SPDA, Tokyo, 2000

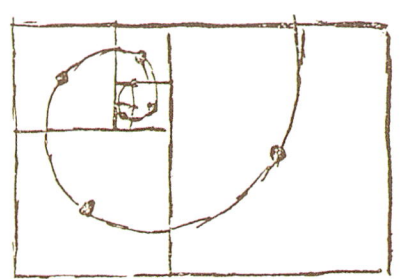

르 코르뷔지에가 그린 달팽이관 돌기의 스케치

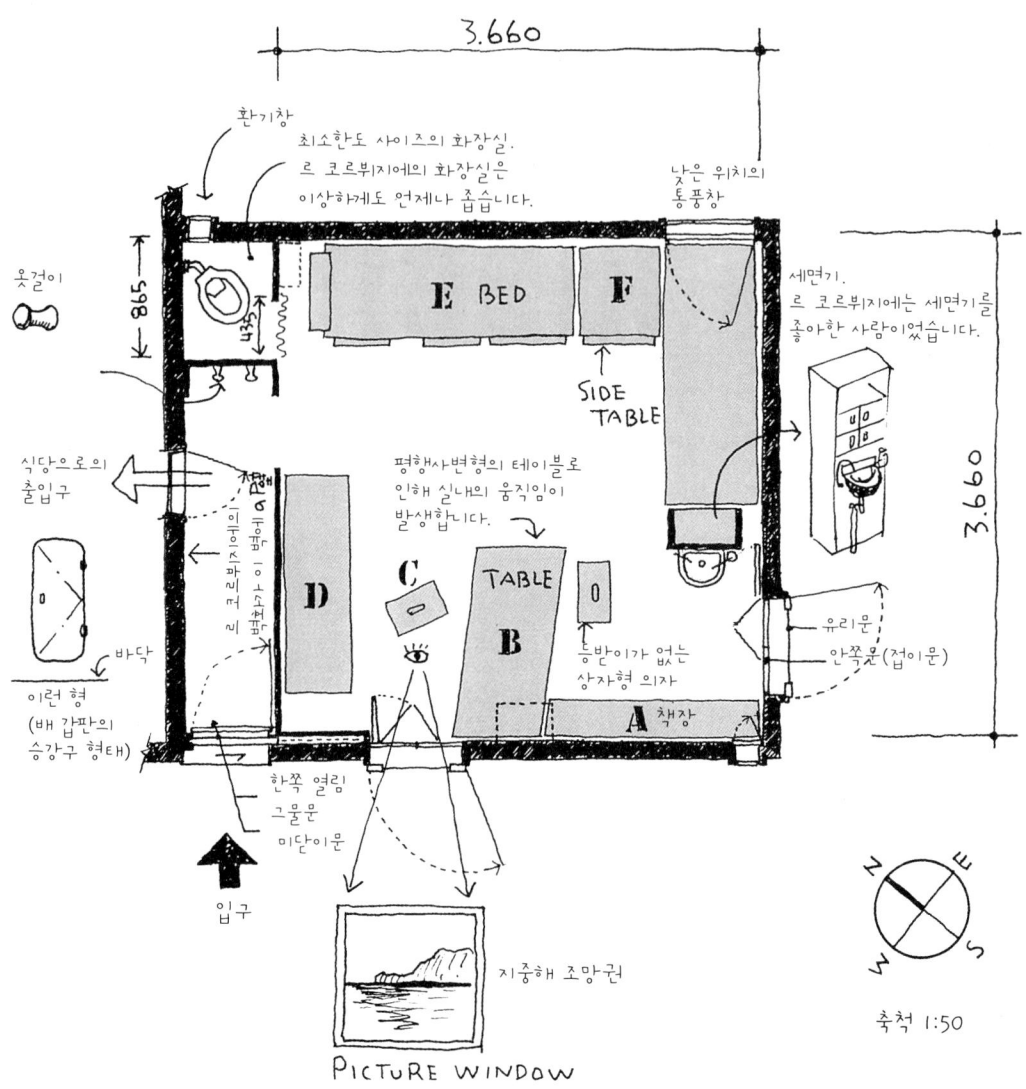

PICTURE WINDOW

「작은 별장」의 평면도

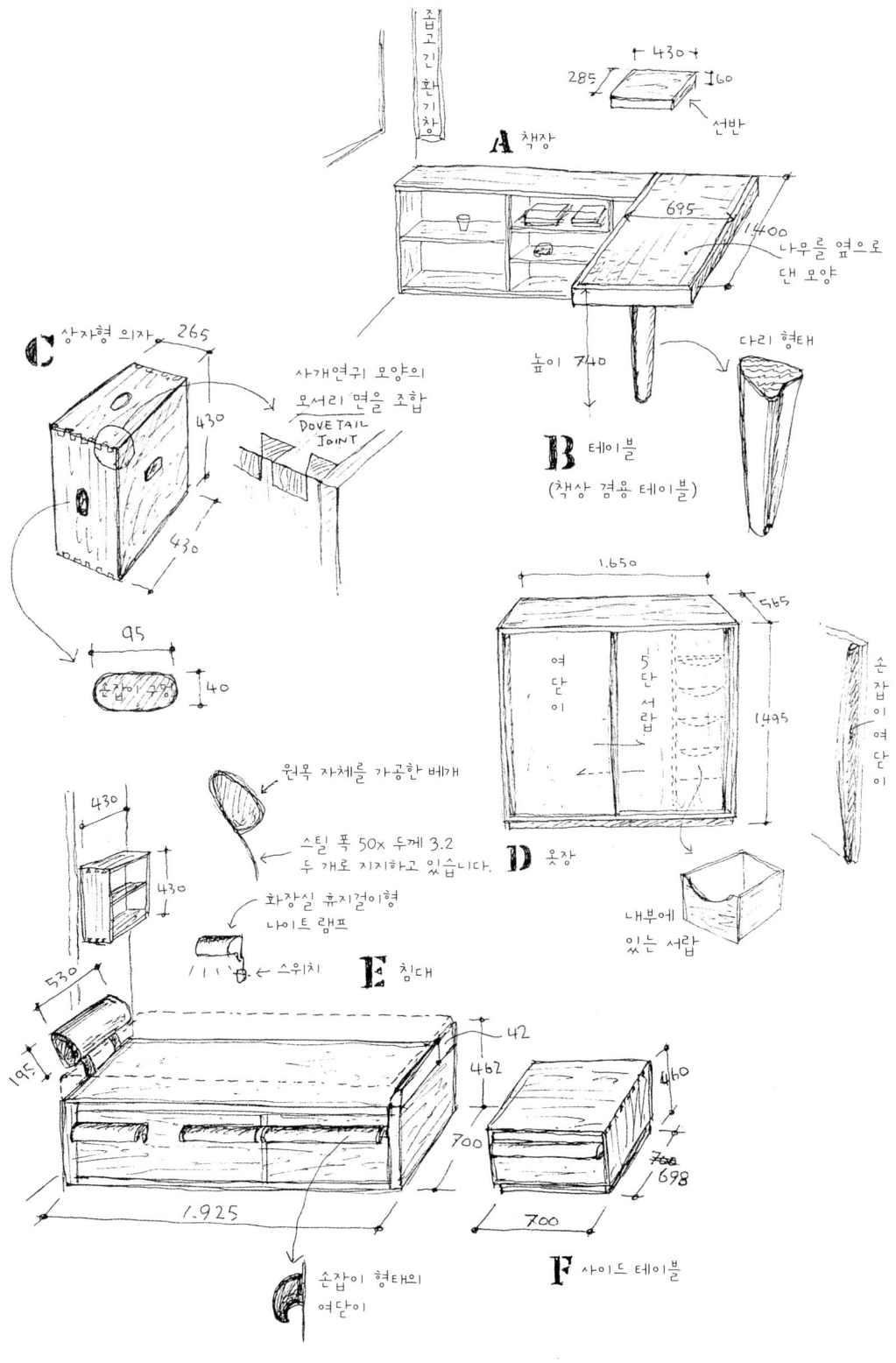

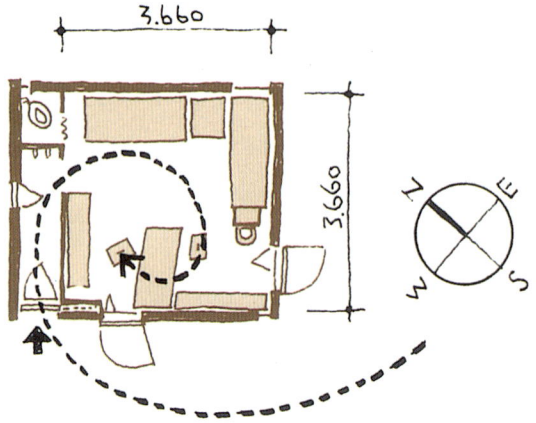

3.660
3.660
N
E
S
W

「작은 별장」은 불과 4평 정도의 넓이

N
E
W
S
로크브륀느 카프 마르탱
← 역으로
PROMENADE Le CORBUSIER
캠핑장
불가사리 식당
작은 별장
르 코르뷔지에의
작업실

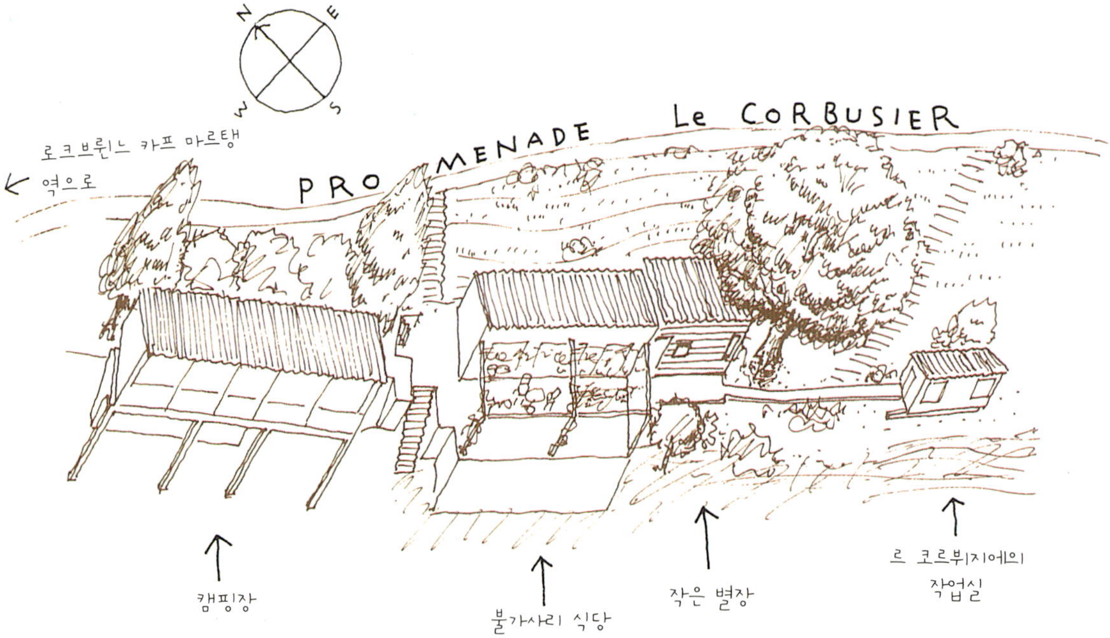

다는 것이 손에 잡힐 듯 이해되기 때문입니다.

또 하나, 이 실내에는 일종의 소용돌이 형상의 흐름과도 같은 것이 느껴진다는 것도 여기에서 말해 두고자 합니다. 그 흐름이란 입구에서 복도를 통하고 실내를 한 바퀴 도는 시계방향의 동선 흐름에 의해 야기되는 의식의 흐름을 말합니다. 그리고 그 흐름이 실제로는 가구의 배치에 의해 만들어지고 있다는 것이 평면도를 바라보고 있으면 알 수가 있습니다.

한 변이 70센티미터인 정방형 유리창. 지중해와 모나코 반도가 그림과 같이 이곳에서 조화로운 모습을 보여주고 있습니다. 당초 르 코르뷔지에는 이 창의 제작을 장 푸르베에게 의뢰하였으나 도중에 좌절되었습니다.

"입구로부터……."라고 쓰고 나서 지금 알아차린 것이지만 그 흐름은 사실 훨씬 이전부터 시작되고 있었습니다.

먼저 기차역에서 이어지는 〈프롬나드 르 코르뷔지에〉라는 좁은 길이 오른쪽에 지중해를 두고 크게 오른쪽으로 원을 그리면서 이곳에 이른다는 사실을 지적해야 합니다. 그리고 그 좁은 길에서 이 작은 별장으로 내려오는, 오른쪽으로 기운 접근로가 시계방향으로 도는 별장 내부의 소용돌이를 이루는 발단이 되어 있다는 명백한 사실도 간과해서는 안 됩니다.

결국 이 집을 찾는 사람은 기차역을 나와 좁은 길을 걷기 시작한 바로 그 순간부터 보이지 않는 소용돌이에 말려들게 되고, 정신을 차려 보면 어느새인가 작은 별장의 실내 테이블 앞에 앉아 눈앞의 높은 창문 프레임을 통해 절제되어 보이는 지중해를 바라보고 있는 자신을 발견하게 될 것입니다.

르 코르뷔지에한테는 돌멩이나 동물의 뼈나 게의 등딱지 같은 것들을 수집하는 취미가 있어 거기에서도 건축적인 발상을 얻고 있었는데, 수집품 중에 고동이 들어 있었다는 것이 새삼스럽게 의미를 가지며 제 뇌리에 떠올랐습니다.

돌 줍기

특별나게 르 코르뷔지에를 본뜨고 싶어 할 이유는 없겠지만, 여행지의 해안이나 강변에서 돌이나 떠도는 나뭇가지를 줍기도 하는 값싼 취미가 저에게도 있습니다. 그런 연유로 「작은 별장」 밑에 있는 가베 해안에서도 갈 때마다 돌을 줍는 데 열중했습니다. 아주 둥근 돌, 아름다운 타원형의 돌, 모양이 재미있는 돌, 색이 아름다운 돌, 흰 선 모양이 들어 있는 돌…….

마냥 그런 일에 몰두하고 있노라면 어느새 너무 많이 줍게 돼 카메라 크기 정도의 부피와 무게가 나가는 일도 있습니다.

가지고 온 돌은 대개는 과일주를 담그는 데 누름돌로 사용할 요량으

"건축이란 태양광 아래에서 펼쳐지는 세심하고도 장엄한 놀이입니다."라고 말했던 르 코르뷔지에는, 이 푸른빛 도는 지중해의 태양과 번쩍이는 해변을 평생 사랑했습니다.

로 커다란 유리병에 넣어두거나 선반이나 책상 위에 놓고 때때로 손으로 잡아 보기도 하고 문진 대신으로 사용하기도 하는데, 언젠가 갑자기 생각이 들어 가베 해안에서 가져온 돌 하나에 붓으로 르 코르뷔지에와 닮은 얼굴을 그려보았습니다.(245쪽 참조)

저로서는, 32년 전 여름의 어느 날 르 코르뷔지에는 뜨겁게 달아오른 이 돌을 버석버석 밟으면서 생애 최후의 해수욕을 하러 지중해의 바닷속으로 들어갔다고 말해 두고 싶네요.

글을 닫으며
집을, 짓는다는 것

비행기가 점차 고도를 낮추며 착륙 자세로 들어가면 저는 작은 비행기 창문에 이마를 대고 아래를 내려다보지 않을 수가 없습니다.

이윽고 긴 해안선과 그 해안선을 둘러싼 녹색 소나무 숲이 보이기 시작하면 나리타 공항이 바로 눈앞에 와 있어 또 하나의 여행이 끝나 드디어 〈귀국〉을 하게 되는 것입니다.

저의 경우 귀국의 실감은 동시에 〈귀향〉의 실감을 동반하고 있습니다.

그 이유는 눈 아래 완만한 활 모양의 곡선을 그린 해안선의 소나무 숲 안에 제가 태어난 집이 있고, 그곳에서 저는 자랐기 때문입니다. 그리고 지금은 없어져 버렸지만 20대 중반에 저는 그 땅에 부모님을 위해 작은 집을 지었고, 그것이 제 주택설계의 처녀작이었습니다.

지금이야 말할 수 있는데, 그 집은 초보 건축학도가 의욕만을 내세운 눈먼 비실용적인 주택으로, 아무리 살펴봐도 실패작인 것 같습니다. 실용성이 없었다는 것은 그렇다 치더라도, "실용성이 없는 건축이 가치가 있다."고 생각했던 어처구니없는 착각도 처음 이 설계에 빠져 있던 저에게 상당히 작용했다고 생각합니다.

그 집은 살고 있는 부모님의 희생 위에 세워진 것입니다만, 저는 그것을 순순히 인정하는 것조차 하지 않고 있었습니다. 자만하고 있는 청년에게서 흔히 있는 일입니다만, 어쩌면 저는 스스로도 이해하기 힘든 청년이었습니다.

그러나 선량하신 부모님이 이렇다 할 불만을 표하시지도 않았는데, 일 년도 안 된 사이에 방 배치에 결함이 있고 일상생활에 대한 섬세하고 세심한 배려가 결여되어 있기 때문에 집 이곳저곳에 불편함이 생기고 있었다는 것, 게다가 건축적인 이미지조차 빈곤하여 독창적이지도 예술적이지도 못하다는 것을 제 스스로도 인정하지 않으면 안 되게 되었습니다.

건축가를, 그것도 주택설계 전문가가 되고자 하는 것을 제 스스로가 확실히 의식한 것은 처음에 계획한 부모님 집의 실패를 온몸으로 느끼고, 자각하고, 반성한 그 즈음이었다고 생각합니다.

그렇기 때문에 아직 그 집도, 그 집에 살고 계셨던 부모님도 건재했던 십수 년 전까지는 출국하거나 귀국하는 경우에 항로를 따라 비행기의 둥근 창에서 내려다보이는 제 처녀작인 그 집의 지붕이 멀리 보이곤 하면 제 가슴은 그리움을 느끼기 이전에 부끄러워 몸 둘 바를 몰라 바늘방석에 앉아 있는 것 같았습니다.

또한 바로 그 무렵이었습니다. 학창시절부터 관심을 갖고 있었던 동서고금의 주택의 명작 다수가 제 눈앞에 우뚝 솟은 산맥처럼 보이기 시작한 것이었습니다.

바꾸어 말하면, 지나친 자의식과 경쟁의식이라는 짙은 안개가 걷히자 그곳에 큰 산맥이 가로놓여 있는 듯한 느낌이었습니다. 그리고 어느새인가 저는 바둑의 명승부전을 음미하듯 명작으로 꼽히는 주택의 사진과 도면들을 반복해서 바라보면서 즐기게 되었습니다.

이 책은 저에게 있어 주택설계의 스승이자 교과서였던 그 명작 주택을 실제로 방문하여 기록한 일종의 현장보고서입니다.

이러한 귀중한 여행을 통해, 저는 주택설계는 건축적인 지식이나 기획력, 전문기술만으로는 대처할 수 없다는 것을 깨닫게 되었습니다. 다시 말해 주택을 설계하는 건축가는 〈인간의 거처〉에 대한 풍부한 상상력의 소유자가 되지 않으면 안 되며, 사람의 마음을 사로잡는 설득력과 캐릭터(이것을 카리스마라고 불러도 좋다고 생각됩니다만.)도 갖추지 않으면 안 된다는 것을 알게 되었습니다.

그리고 무엇보다도 인간의 행동이나 동작을 자세히 관찰하고, 복잡한 심리의 줄거리를 읽어내어 해석하고, 동시에 도시에 살고 있는 사람들의 희로애락에 공감할 수 있는 유연한 마음을 가진 〈인간 관찰자〉가 되지 않으면 안 된다는 것 또한 배우게 되었습니다.

결국 주택의 설계는 대학의 건축과를 졸업하고 약간의 소질이 있는 정도로 할 수 있는 손쉬운 일이 아닌, 헤아릴 수 없을 정도로 지식 영역이 넓고 또한 심오해야 한다는 것을, 그리고 그렇기 때문에 주택설계가 재미있다는 것을 새삼 배우게 되었습니다.

제 부모님의 집을 설계하고 나서 수십 년의 세월이 지나갔습니다.

주택설계의 길은 아득히 멀고, 따라서 제 〈주택순례〉는 앞으로도 당분간 이어질 것 같습니다.

독자들을 위한 주택순례 안내도

•
어머니의 집 : Le Corbusier
주소 : 21, Route de Lavaux. 1802
Corseaux, SUISSE
Tel : +41-21-923 53 63

일반인은 4월 1일부터 11월 14일 사이의 수요일(겨울철 비공개) 오후 1시 30분-5시에 견학할 수 있습니다. 5인 이상으로 신청하면 상기 이외의 날에도 견학이 가능합니다. 이웃에 사는 여성이 열쇠로 문을 열어주기 위해 옵니다.

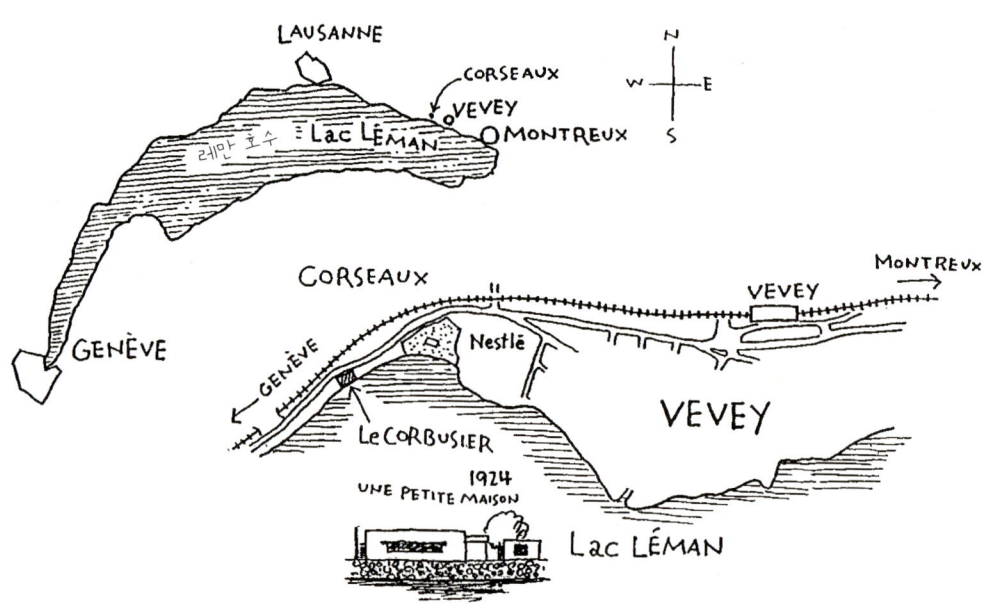

- 타운 하우스: Philip Johnson
주소: 242, East 52 St. New York,
NY U.S.A.

개인 갤러리로 사용되고 있으므로 내부 견학은 불가능합니다. 뉴욕현대미술관에서 걸어서 10분 정도이므로 거리에 접한 외관을 보는 것만으로도 가치가 있습니다.

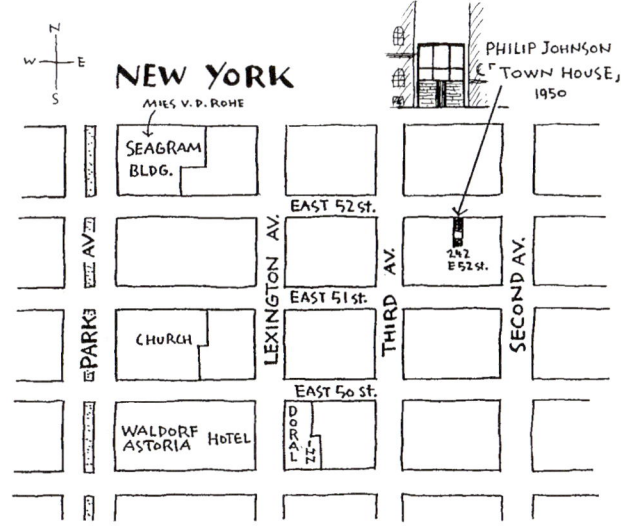

- 코에타로: Alvar Aalto
주소: Melalamentie Muuratsalo, Finland
문의처: 알바 알토 박물관
Tel : +358-14 624 809
Fax : +358-14 619 009

275 독자들을 위한 주택순례 안내도

- 슈뢰더 하우스: Gerrit Thomas Rietveld
주소: Prins Hendriklaan 50
Postbus 2016, 3500 GC Utrecht,
THE NETHERLANDS
문의처: Centraal Museum
Tel: +31-0-30 2362310
Fax: +31-0-30 2332006

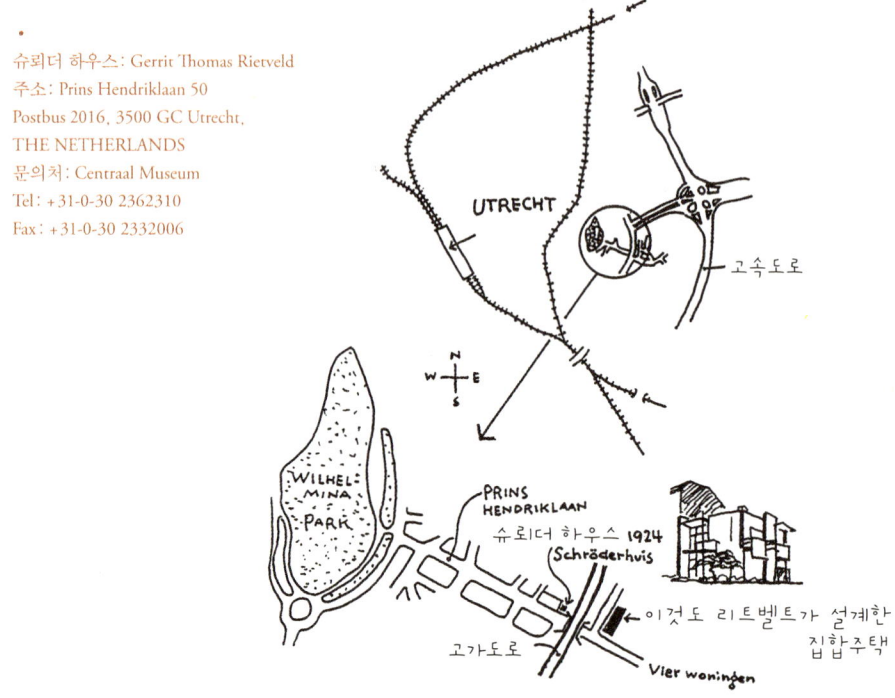

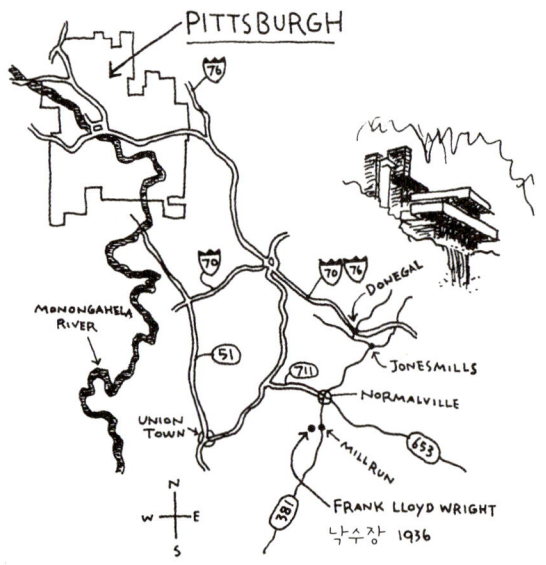

- 낙수장: Frank Lloyd Wright
주소: P. O. Box R, Mill Run, PA U.S.A.
문의처: Western Pennsylvania Conservancy
Tel: +1-412-329 85 01

• 여름의 집: Erik Gunnar Asplund
주소: Stennäs Lisö-Peninsula, SWEDEN

개인 소유의 집이므로 견학은 불가능

• 리고르네토의 집: Mario Botta
주소: Ligornetto Alla Vignascia, SUISSE

개인 집이어서 견학은 불가능하지만
주변에는 마리오 보타의 작품이 많으므로 외관만이라도
마리오 보타 건축순례가 가능합니다.

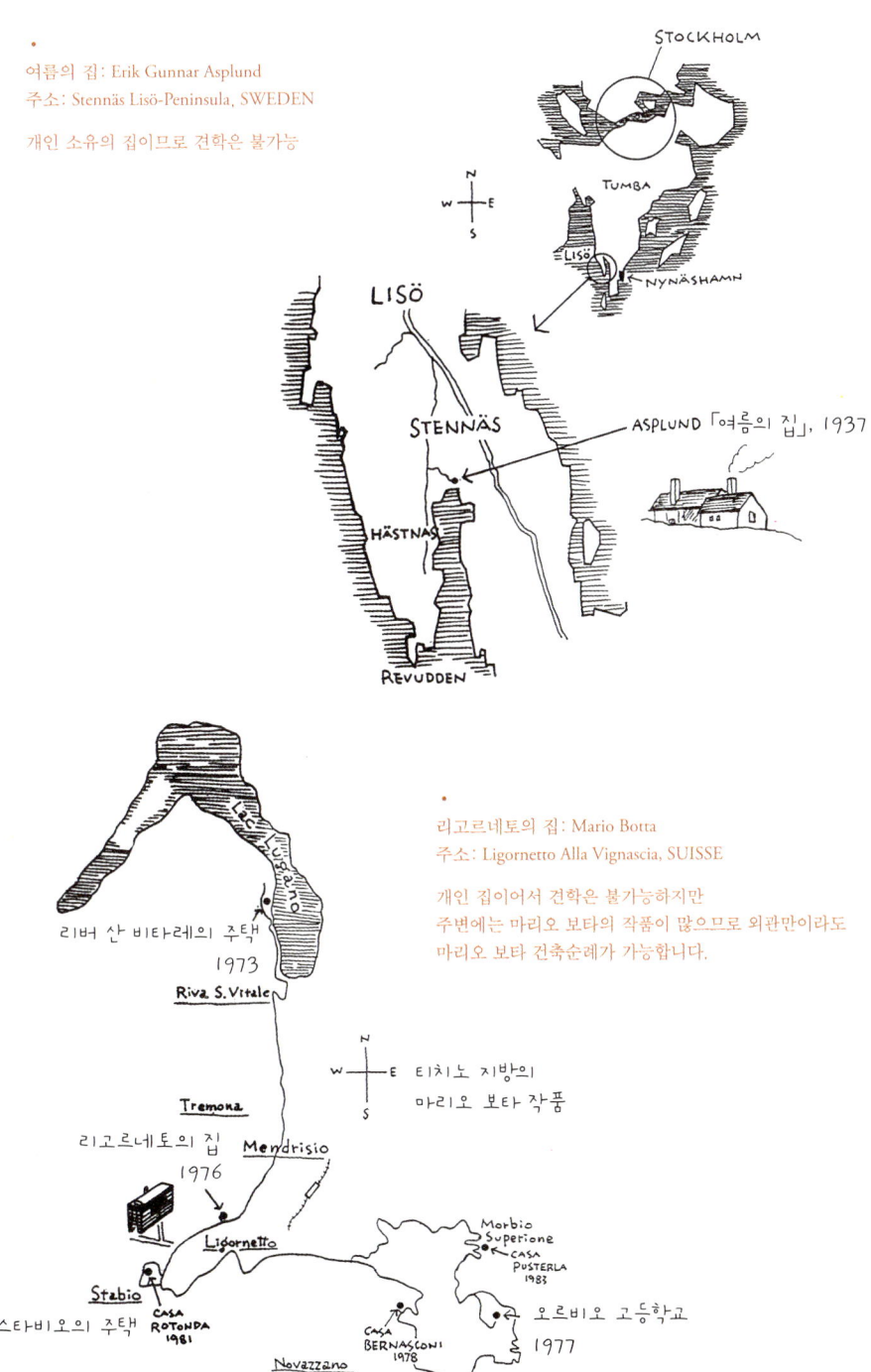

277 독자들을 위한 주택순례 안내도

- 에시에릭 하우스: Louis I. Kahn
주소: 204 Sun Rise Lane, Chestnut
Hill Philadelphia, PA U.S.A.
Tel: +1-215-898 83 23
Fax: +1-215-898 92 15

개인 집이므로 원칙적으로 견학은 불가능.
선라이즈 레인의 입구에는 로버트 벤츄리를 일약 스타로 만든
명작「어머니의 집」이 있으므로 그 집도
놓치지 말기 바랍니다.

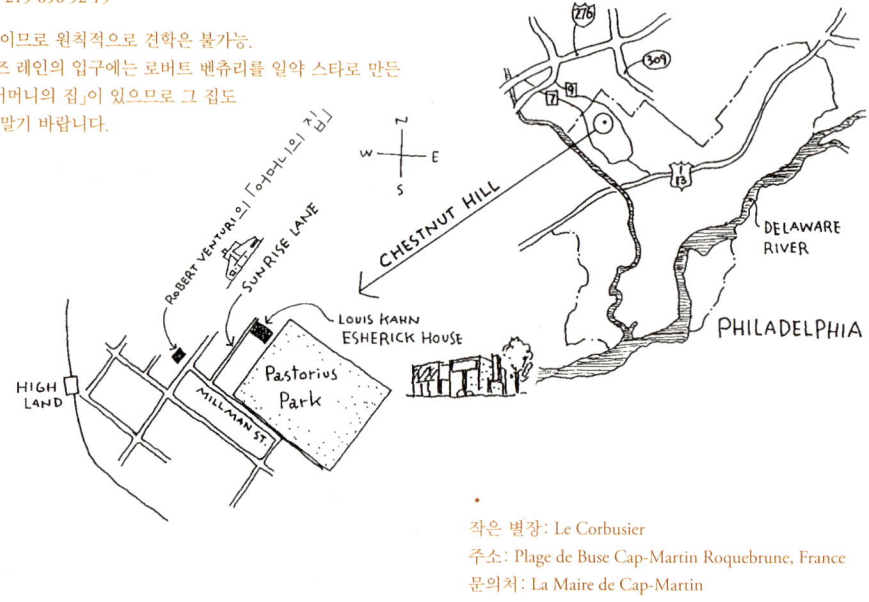

- 작은 별장: Le Corbusier
주소: Plage de Buse Cap-Martin Roquebrune, France
문의처: La Maire de Cap-Martin
Tel: +33-16-93 35 60 67

별장 아래의 가베 해안은 르 코르뷔지에가 자주 해수욕을
즐긴 곳입니다. 또한 별장 뒤편에 있는 산의 고갯길을
20분 정도 오르면 공동묘지가 있고 거기에
르 코르뷔지에와 이본느 부인의 묘가 있습니다.
그 묘지에서 지중해를 내려다보면
멋들어진 경치가 눈에 들어옵니다.

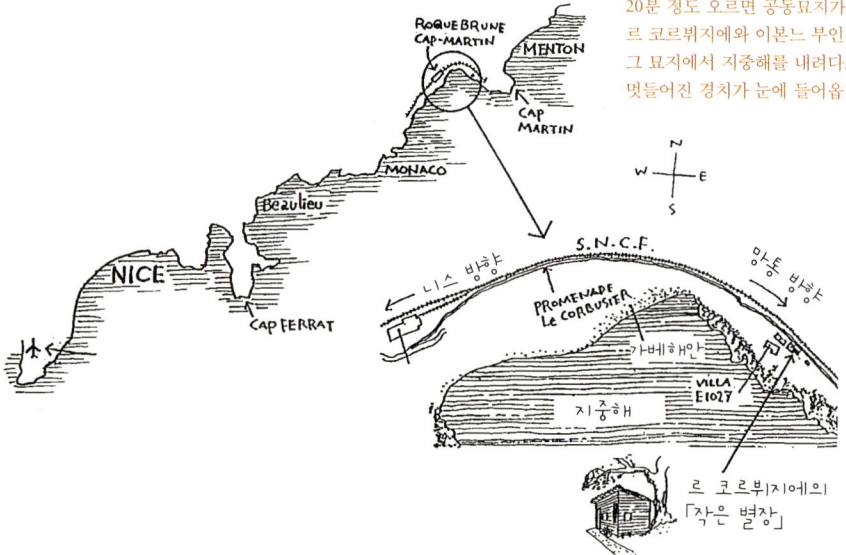

옮긴이

황용운 경북대학교 건축공학과를 졸업했으며, 서울대학교 환경대학원에서 도시설계(석사)를, 연세대학교에서 건축계획(박사)을 전공했다. 쌍용 ENG, 토문, 창조건축사사무소에서 근무했으며 건축사이다. 현재는 동양대학교 건축실내학과 교수로 재직 중이다. 저서로는 『건축의 구성수법』, 『전통 한옥 짓기』, 『건축과 문화가 있는 주거건축』 등이 있다.

김종하 대구대학교 건축공학과를 졸업하고, 일본 교토대학교에서 건축학 석사, 박사 과정을 마쳤으며, 현재 동양대학교 건축소방행정학과 교수로 재직 중이다. 옮긴 책으로는 『인간심리행태와 환경디자인』, 『경관분석과 경관계획』, 『마스터 아키텍트 방식에 의한 건축설계 방법』 등이 있다.

집을,
순례하다
—

1판 1쇄 펴냄 2011년 3월 30일
1판 13쇄 펴냄 2025년 2월 25일

지은이 나카무라 요시후미
옮긴이 황용운, 김종하
펴낸이 권선희

펴낸곳 **사이**
출판등록 제313-2004-00205호
주소 03938 서울시 마포구 월드컵로 36길 14 516호
전화 02-3143-3770
팩스 02-3143-3774

ⓒ **사이**, 2011, Printed in Seoul, Korea

ISBN 978-89-93178-09-8 13540

• 잘못된 책은 구입하신 서점에서 교환해 드립니다.